東京安全研究所・都市の安全と環境シリーズ **3**

編著
尾島俊雄
著
小林昌一
小林紳也
渋田 玲
増田幸宏

超高層建築と地下街の安全

人と街を守る最新技術

早稲田大学出版部

はじめに

　東京は明治維新によって、江戸時代までの木造を主とする町から脱皮し、和風から洋風への文明開化を成し遂げました。関東大震災を機に、近代洋風建築も高さ制限31m（100尺）を設けて、耐震耐火建築物の普及に努めます。しかし、第2次世界大戦で、東京の街は完全に壊滅したうえ、200万の人々が家を失いました。戦災復興の名のもとに全力を挙げて近代的都市計画を行い、道路や鉄道、上下水道や電気、ガスなどの都市供給処理施設を完備します。
　1964（昭和39）年の東京オリンピックの成功で、わが国は国際社会の一員として、また、平和国家建設の証しとして、首都東京の近代化に拍車をかけました。一極集中としての弊害もありましたが、日本列島の機関車として、東京は目まぐるしい程に変身し続けてきました。その象徴がスカイフロント、ウォーターフロント、ジオフロントの開発です。1980年代の東京の土地代は、1坪が1億円以上の評価を生み、首都圏の土地代でアメリカ全土を買うことができるとさえいわれた時代でした。土地代が高かったゆえに、高層空間を活用したスカイフロント開発、海を埋め立てて土地を造成したウォーターフロント開発、さらに都心の地下深く利用するジオフロント開発が、ディベロッパーや建築家、ゼネコンによって計画され、その事業化への試みが1990年代まで続きました。世にいうバブル現象でした。バブルは大きな夢となって、技術や新建材の発明発達を可能にしました。
　しかし、21世紀に入って、少子高齢化や人口減少、経済成長の低迷化にあって、減築や都市の縮減、地方都市の消滅などの社会現象が生まれています。
　その一方で、わが国はアジアを中心とする新興国BRICSの発展に救われ、安定した社会を構築し、2020年東京オリンピック・パラリンピックの開催も決

定しました。1964年から56年目、文明開化時代の東京オリンピック・パラリンピックではなく、文化開国時代での開催です。改めて東京の姿を眺める時、いつしか新幹線や高速道路が東京を中心に全国土に網の目のように完備し、東京湾岸には2,500万kWの火力発電所や2万haの臨海石油コンビナート、超高層建築は1千棟以上、地下街にいたっては東京駅周辺にみられるように驚くほどのビル群を地下通路でネットワークしています。

　一方、環状7号線を中心に木造密集住宅地が7,000haもあり、東京直下型地震（これから30年間に起きる確率は70％以上といわれています）の発生時には、自衛隊すら、都心への救助に入れないような火の海となるシミュレーション予測もあります。帰宅困難者の問題も未解決です。災害時に逃げ込むのに便利な高層ビルや地下街などの受け入れ態勢も十分ではありません。高層ビルや高層マンション、地下街にいる人々のための安全安心対策は必要不可欠です。このような点に着目して、東京の安全と安心を考えるためには、まず、超高層空間と地下空間の現状を学ぶことが必要と考えました。

　本書の構成として、1章と2章で東京で予測される各種の災害と被害実態について、3章と4章で超高層建物の安全と安心について、5章で地下空間の仕掛けと仕組みについて、解説しながら、それぞれの安全と安心対策を考えました。

尾島俊雄

目次

はじめに ... 002

1章 東京で予測される各種災害

- 1-1　地震と津波 ... 008
- 1-2　大規模火災 ... 016
- 1-3　洪水・高潮・都市型水害 ... 018
- 1-4　火山災害 ... 019
- 1-5　防災ハザードマップ ... 023

2章 これまでの災害と被害の歴史

- 2-1　地震、地震被害と建築に関する法律の変遷 ... 030
- 2-2　津波、高潮、豪雨などによる水害 ... 045
- 2-3　火災害 ... 049
- 2-4　火山災害 ... 053
- 2-5　その他の災害 ... 054

3章 超高層建築の安全対策

- 3-1 超高層建築はどのようにしてできたか ……… 060
- 3-2 超高層建築の構造体 ……… 066
- 3-3 超高層建築の普及実態はどうなっているか ……… 074
- 3-4 建築物の地震被害 ……… 079
- 3-5 超高層建築の安全対策 ……… 092
- 3-6 建築のレジリエンス ……… 103
- 3-7 世界の超高層建築 ……… 107

4章 超高層住宅の安心対策

- 4-1 BCPとLCP ……… 114
- 4-2 超高層住宅のLCP ……… 115
- 4-3 これからのLCP ……… 117

5章 東京の地下空間は安全か

- 5-1 地下の利用実態 ……… 126
- 5-2 地下鉄・地下駐車場・地下街 ……… 131
- 5-3 地下空間の環境とエネルギー ……… 137
- 5-4 地下空間の安全対策 ……… 141
- 5-5 江東区の洪水対策 ……… 148

1章

東京で予測される
各種災害

1-1　地震と津波

　東京およびその周辺地域では、マグニチュード（M）7クラスの地震や相模トラフ沿いのM8クラスの大規模な地震が、歴史上たびたび発生しています。また、気象庁データベース検索から、1923（大正12）年9月1日から2016（平成28）年8月31日までの93年間で、震度5以上が観測された地震は東京都（島嶼部を含む）で61回発生しています。そのうち7回は震度6以上で、東京都は地震の多発地域であることを物語っています。

　内閣府の首都直下地震モデル検討会では、首都直下地震対策を検討するため、これまでの研究成果を収集し、最近の知見をふまえたプレート構造や地盤構造などを整理し、過去に発生したM7クラスの地震および相模トラフ沿いの大規模地震の震度・津波高などの過去資料の再現および最大クラスの地震像などについて検討しました。そして、これらの検討結果および最新の科学的知見をもとに、防災対策の検討対象とすべき地震と津波について整理し、とりまとめています[1]。

1　首都直下で発生する地震のタイプ

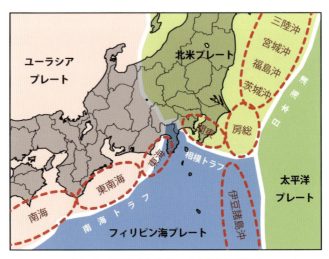

図1-1　関東周辺のプレート境界と震源域

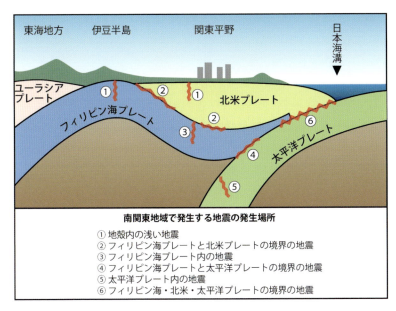

図1-2　関東周辺で発生する地震のタイプ

　東京およびその周辺地域は、北米プレートの下に南方からフィリピン海プレートが沈み込み、さらにその下に太平洋プレートが東から沈み込むという複雑なプレート構成領域に位置しています（図1-1）。このため、東京周辺で発生する地震は多様なものとなりますが、おおむね図1-2で示す6つのタイプに分類されます。

　関東地方に大きな被害をもたらした大規模な地震としては、1677（延宝5）年の延宝房総沖地震、1703（元禄16）年の元禄関東地震、1923年の大正関東地震が知られています。元禄関東地震、大正関東地震は②のタイプの地震で、200～400年間隔で発生しています。これらの地震の発生前にはM7クラスの地震が複数回発生しており、これらのM7クラスの地震のタイプは③のタイプが多いと考えられています。

　これに対し、延宝房総沖地震タイプの地震は⑥のタイプで、津波の規模に比べ地震の揺れが小さい「津波地震」になる可能性が高くなります。この地震の繰り返しは確認されておらず、発生間隔ははっきりわかっていません。

2　首都直下地震の発生履歴などと地震発生の可能性

M7クラスの首都直下地震

　首都およびその周辺地域で発生した過去の地震の履歴から、元禄関東地震および大正関東地震の発生前にはM7クラスの地震が複数回発生していることが知られています。元禄関東地震と大正関東地震の間をみると、元禄関東地震の後70～80年間は比較的静穏で、その後、M7前後の地震が複数回発生するなど、比較的活発な時期を経て大正関東地震が発生しています（図1-3）。

　大正関東地震から現在まで、関東での地震活動は比較的静穏に経過しています。これまでの周期から、今後次の関東地震の発生前までの期間に、M7クラスの地震が複数回発生することが予想されています。なお、文部科学省地震調査研究推進本部地震調査委員会（2004）によると、南関東地域でM7クラスの地震が発生する確率は、30年間で70パーセントと推定されています。

M8クラスの海溝型地震
①大正関東地震タイプの地震

　相模トラフ沿いで発生した地震としては、1293（正応6）年の永仁関東地震、1703年の元禄関東地震、1923年の大正関東地震の3つが知られています。この地域では、M8クラスの地震が200～400年間隔で発生すると考えられています。大正関東地震から90年が経過していますが、当面このようなタイプの地震が発生する可能性は低いと思われます。しかし、100年先頃には地震発生の可能性が高くなっていると考えられています。

　地震調査委員会（2004）によると、このタイプの地震の今後30年間の発生確率は、ほぼ0～2パーセントと推定されています。

②元禄関東地震タイプの地震

　海岸段丘の調査によると、大きな隆起を示す地殻変動が過去約7,000年間に2,000～3,000年間隔で4回発生しており、その最後のものが元禄関東地震によるものです。元禄関東地震が1703年に発生したことをふまえると、このタイプの地震の発生はまだまだ先であり、しばらくのところ、このようなタイプの地震が発生する可能性はほとんどないと考えられます。

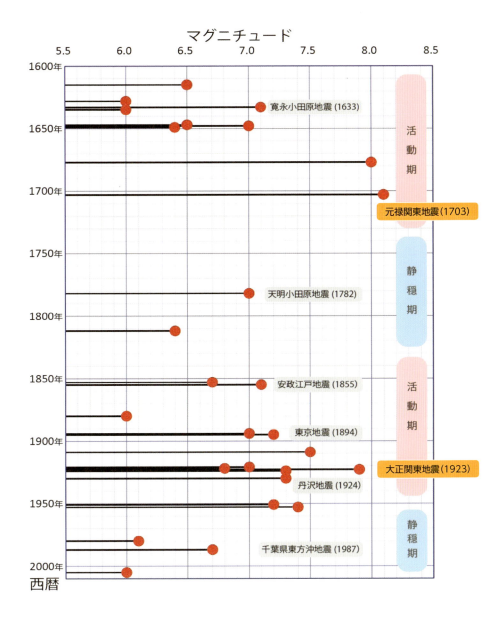

図1-3　南関東で発生した地震（M6以上、1600年以降）

地震調査委員会（2004）によると、このタイプの地震の今後30年間の発生確率は、ほぼ0パーセントと推定されています。

③延宝房総沖地震タイプの地震

1677年延宝房総沖地震は、太平洋プレートの沈み込みに伴い発生する津波地震であった可能性が高いと考えられています。この地震は、東北地方太平洋沖地震の震源断層域の南側に位置しており、誘発される可能性があると指摘されている地震とおおむね同じ領域に震源断層域をもっています。

地震調査委員会（2011）によると、この領域でこのような津波地震のタイプの地震が発生する確率は、7パーセント程度と推定されています。

④房総半島の南東沖で想定されるタイプの地震

元禄関東地震の震源断層域に含まれますが、大正関東地震の際には破壊されなかった相模トラフの房総半島の南東沖の領域について、ひずみが蓄積されている可能性が指摘されています。この領域で発生する地震は、過去にその発生は確認されておらず、今後さらなる調査が必要ですが、房総半島の太平洋側で6〜8m、高いところで10mとなる大きな津波が発生する可能性も否定できないことから、念のため、津波避難の検討対象として取り扱うことが望ましいと考えられます。

3　防災・減災対策の対象とする地震

今回検討した地震について、それぞれのタイプの地震が発生する可能性を考慮すると、防災・減災対策の対象とする地震については、次のように取り扱うのが適切と考えられます。

最大クラスの地震・津波の考え方

東北地方太平洋沖地震を教訓とした地震・津波対策に関する専門調査会報告において、今後の想定地震・津波の考え方として、「あらゆる可能性を考慮した最大クラスの巨大な地震・津波を検討していくべきである」としています。

また、想定津波と対策の考え方としては、「命を守る」という観点から「発生頻度は極めて低いものの、発生すれば甚大な被害をもたらす最大クラスの津波」を想定し、避難を軸とした対策を講じることとしています。

南海トラフの最大クラスの地震の発生可能性

　南海トラフ沿いでは、100～150年間隔で海溝型の大規模地震が発生しています。最も新しい地震は昭和南海地震であり、発生から70年以上が経過しています。南海トラフの地震の発生には多様性があり、駿河湾から日向灘にかけての複数の領域で同時に発生、もしくは時間差をおいて発生するなど、さまざまな場合が考えられます。大規模地震の大きさに関しては周期性がなく、最大クラスの地震が次の大規模地震として発生するかどうかはわかっていません。

相模トラフの最大クラスの地震の発生可能性

　相模トラフ沿いでは、プレート境界で発生する海溝型の大規模地震が、200～400年の間隔で発生しており、大正関東地震は首都圏に甚大な被害をもたらしました。また、房総半島先端でみられる地震時に形成される海岸段丘の調査によると、大きな隆起を示す地殻変動が2,000～3,000年間隔で発生しており、その直近のものは、約300年前の元禄関東地震によるものです。

　これらのことから、相模トラフ沿いでは、当面、元禄関東地震タイプの地震もしくは最大クラスの地震の発生は考えにくいとされています。

　以上から、防災・減災対策の対象とする地震は、切迫性の高いM7クラスの首都直下地震を対象とすることが適切であると考えられます。M7クラスの首都直下地震にはさまざまなタイプがあり、どこで発生するかはわかりませんが、中央防災会議・首都直下地震対策検討ワーキンググループでは、複数の想定のうち、被害が大きく首都中枢機能への影響が大きいと考えられる都区部直下の都心南部直下地震が設定されました。

　また、相模トラフ沿いの海溝型のM8クラスの地震に関しては、当面発生する可能性は低いものの、今後100年先頃には発生する可能性が高くなっていると考えられる大正関東地震タイプの地震を長期的な防災・減災対策の対象として考慮するのが妥当とされています。

　なお、M7クラスの地震はどこで起きるかわからないことから、このケースに限定することなく、すべての地域での耐震化などの対策を講じる必要があります。

4 首都圏における津波の可能性

　相模湾から房総半島の首都圏域の太平洋沿岸に大きな津波をもたらした地震として、過去の資料の整理が比較的なされている地震に、延宝房総沖地震（1677年）、元禄関東地震（1703年）、大正関東地震（1923年）があります。

　これらの地震の津波断層モデルを検討した結果、太平洋岸での津波は地震により大きく異なり、場所によっては10mを超す高さのものもありますが、東京湾内の津波の高さはいずれの地震も3m程度、あるいはそれ以下と予測されています。これは、湾の入口が津波の入りにくい海底地形になっていることによります。しかし、東京湾内には海抜ゼロメートル地帯もあることから（図1-4）、津波対策については太平洋側と東京湾内を区分して、それぞれの危険性に即した対策について検討する必要があります。

　太平洋側で想定する津波は、100年先頃に発生する可能性が高くなっていると考えられる大正関東地震タイプの地震による津波を考慮し、検討することが適切です。大正関東地震タイプの地震が発生すると、神奈川県と千葉県の海岸周辺において震度6強以上の揺れとなり、地震から5〜10分以内で6〜8m程度の高さの津波が想定され、耐震対策に加え、津波に対する迅速な避難などの検討が必要になります。

　延宝房総沖地震タイプの地震については、太平洋プレートの沈み込みに伴う津波地震の可能性が高く、この地震による海岸での津波は、房総半島から茨城県の太平洋沿岸および伊豆諸島の広い範囲で6〜8m、高いところで10m程度が想定されています。この地震は、東北地方太平洋沖地震の震源断層域の南側に位置し、誘発される可能性がある地震と考えられることから、房総半島で大きな津波が想定される地域では、津波避難の対策を検討する必要があります。

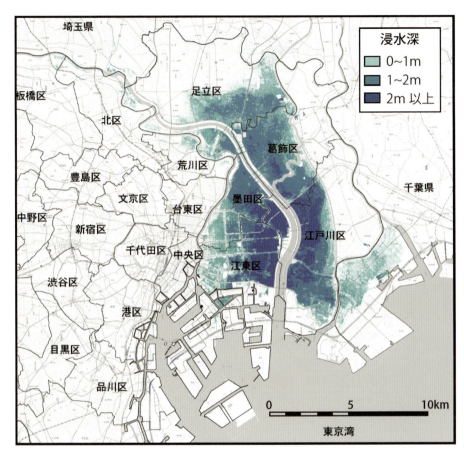

図1-4 満潮時、堤防、水門などが機能しない場合のゼロメートル地帯の浸水域

　なお、相模トラフ沿いの地震については、今後さらなる調査が必要であり、特に房総半島の南東沖で想定されるタイプの地震の発生可能性は今後の検討課題となっています。このタイプの地震により、房総半島の南端地域の海岸では10m程度の大きな津波が想定されています。この地域では念のため、この地震も津波避難などの検討対象として考慮することが望ましいとされています。

1-2 大規模火災

1 江戸の大火

「火事と喧嘩は江戸の華」といわれるように、江戸の町では多くの火災が発生し、被災の状況が記録されています。特に以下に示す江戸の三大火災は多くの死者を出しました。

- 明暦の大火（振袖火事） 1657（明暦3）年1月18、19日。死者107,000人。
- 明和の大火（行人坂の火事） 1772（明和9）年2月29日。死者14,700人、不明者4,060人。
- 文化の大火（車町火事） 1806（文化3）年3月4日。死者1,200人。

これらの火災は、いずれも強風により広範囲に延焼したケースですが、1855（安政2）年10月2日に発生した安政江戸地震により、江戸の各所から出火し大火となったケース（死者4,500～26,000人）は、今後の東京での火災の想定およびその対策に参考になる事例といえます[2]。

2 被害想定

中央防災会議・首都直下地震対策ワーキンググループは、2013（平成25）年12月、被害想定を8年ぶりに見直し、「首都直下地震の被害想定と対策について」（最終報告）を公表しました。都心南部の直下でM7.3の地震が発生した場合、被害額は95兆円、最悪のケースでは建物の被害61万棟、死者23,000人、なかでも怖いのは火災であると指摘しています。

地震火災で最悪のケースは、冬の夕方、風速8m/sの場合で、地震火災による焼失建物を首都圏で412,000棟（東京都221,000棟）、地震火災による死者を首都圏で8,900～16,000人（東京都4,500～8,400人）と想定しています（図1-5）。

大正関東地震タイプの地震M8（このタイプは当面の間は発生しないと考えられます）が発生した場合の被害想定は、首都圏での死者が約70,000人で、被害の約7割が「地震火災」によるとしています。

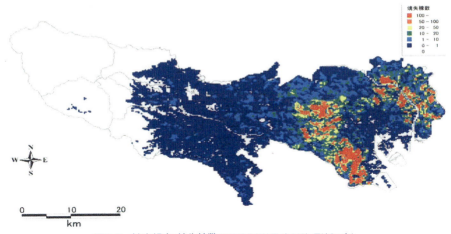

図1-5 被害想定:焼失棟数(東京湾北部地震、冬18時、風速8m/s)

3 地震火災の防災対策

 今回の見直しで特に対策が必要とされたのは、電気ストーブや白熱電球を使ったスタンドなどによる「通電火災」です。地震による停電の後、復旧したときに火の元となるおそれがあります。阪神・淡路大震災の時に、原因が特定された建物火災の6割が通電火災によるものでした。特に、木造住宅密集地域で大規模な延焼火災につながるおそれがあります。

 出火防止対策として、次の対策①、対策②を示し、その効果として、対策①により被害が1/2に、対策①+②により被害が1/20になると想定しています。

　対策①:感震ブレーカーなどの設置による「電気関係の出火の防止」
　対策②:「消火資機材保有率」「住宅火災警報器設置率」「隣保共助率」「消
　　　　火・避難等の訓練経験率」「初期消火成功率」の向上

 延焼危険性や避難困難性の観点から、密集市街地の調査を国土交通省で行っていますが、「著しく危険な密集市街地」として、17都府県、197地区、5,745haがあることを明らかにしています。197地区のうち、113地区は東京都です。東京都では、木造住宅密集地域(木密地域)の解消に向けた取組みに着手し、2020年までに木密地域を解消することを目標としています。具体的には、「老朽化した木造住宅などの建て替え、改修により、耐震化、不燃化を促進する」「避難経路や空地を確保する」活動を進めています。

1-3　洪水・高潮・都市型水害

1　被害想定と対策方針

　中央防災会議は、首都圏水没被害軽減のための対策方針を決めることを目的に、「大規模水害対策に関する専門調査会」を組織して検討を進め、2010（平成22）年4月、最終報告書を発表しました。

　被害想定では、「利根川首都圏広域氾濫」「荒川右岸低地氾濫」「東京湾高潮氾濫」に関して、浸水範囲、浸水面積、浸水区域内人口、死者数、孤立者数、地下鉄などの浸水被害について算出しています。また、河川氾濫についてはライフラインの被害想定も行っています。被害想定結果の概要を図1-6に示します。

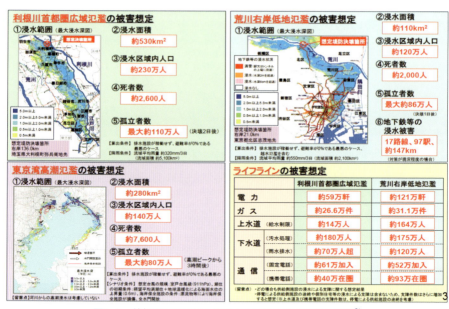

図1-6　首都圏における大規模水害の被害想定結果の概要[3]

　対策方針については、次の5つの対策を提言しており、特に対策③については、各企業の事業継続計画（BCP）策定の必要性を強く謳っています。
① 適時・的確な避難の実現による被害軽減

② 公的機関などによる応急対応力の強化と重要機能の確保
③ 住民、企業などにおける大規模水害対応力の強化
④ 氾濫の抑制対策と土地利用誘導による被害軽減
⑤ その他の大規模水害特有の被害事象への対応

2　東京都地域防災計画

　東京都防災会議は2014（平成26）年7月、世界的に多発する大規模水害の発生リスクや大島での災害などの教訓をふまえて、東京都地域防災計画・風水害編の見直しを行い、大規模水害時の広域避難対策や、実災害の教訓をふまえた対応力強化の取組みなどを明記しました。具体的には、広域避難対策として、事前の取組み、避難誘導時の対応など、また、災害対応力の充実・強化として、情報連絡体制の強化、避難対策の強化、物資などの輸送体制の充実、孤立者への対応などが必要としています。

3　都市型水害とその対策[4]

　都市型水害の被害拡大の要因として、①不浸透域の拡大、②地下空間の利用の拡大が挙げられます。前者については流域における雨水浸透貯留施設の整備、後者については地下空間管理者に対する各種行政指導や、地下空間全体を網羅する統合的防災基準および危機管理体制の整備の必要性などが指摘されています。これらに関連し、国土交通省は次の取組みを進めています。
(a) 水防法改正による地下街などの避難対策の充実
(b) 特定都市河川浸水被害対策法による流域対策の充実
(c) 下水道による浸水対策の強化

1-4　火山災害

　わが国は有数の火山国であり、各地で噴火と共存してきた歴史があります。21世紀に入ってからも御嶽山、箱根山、桜島などの噴火は記憶に新しいところです。
　東京都で想定される火山噴火による被害に関しては、1983（昭和58）年10月、

三宅島の噴火による阿古集落の埋没、1986（昭和61）年、伊豆大島の外輪山外側での大規模噴火による全島民1万人の島外避難、2000（平成12）年6月、三宅島噴火による島民3,800人の島外避難、などの島嶼火山による被害が挙げられます。また、2000年10〜12月および2001年4〜5月に低周波地震が急増した富士山については、噴火した場合、都の全域で大規模な降灰被害が出ることが指摘されています。

1　島嶼火山について

　島嶼火山については、海中から続く火山体の山頂部分に住民が居住しているため、噴火した場合は住民の生活に与える影響は非常に大きいといえます。活動的な火山の存在する島は、大島、新島、神津島、三宅島、八丈島、青ヶ島であり、関係機関、火山専門家などの連携体制を確立し、火山防災対策を推進するため、伊豆・小笠原諸島火山防災協議会を2015（平成27）年2月4日に設置しました。協議会の所掌業務は以下のとおりです。
- 火山観測活動、防災対策などの情報共有
- 噴火シナリオの作成、火山ハザードマップの作成、避難計画の策定など
- 火山噴火災害時の避難勧告、指示、警戒区域の設定など関係市町村への助言

2　富士山噴火について

　富士山は、約70万年前から20万年前に活動を開始し、噴火を繰り返すことで約1万年前に現在の山容になりました。約10万年前から1万年前まで活動した「古富士」と、それ以降、現在まで活動し続ける「新富士」、造湖、造樹海など、その歴史も奥深いものがあります。

　最も近時代の富士山の噴火は、江戸中期、1707（宝永4）年に起きた「宝永大噴火」で、宝永地震（M8.6〜8.7）の49日目に始まりました。

　富士山は今日、東北太平洋沖地震などの大地震で内部にひびが入り、そこから爆発的な噴火を起こしかねない状態だとする分析結果を産業技術総合研究所などのチームがまとめています。

　1950（昭和25）年以降、M9クラスの地震は世界で7回起きており、そのうち

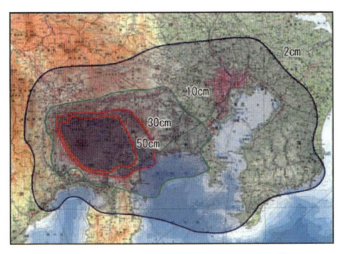

図1-7　降灰予想図(降灰の影響が及ぶ可能性の高い範囲)[5)]

6つの地震では4年以内に近隣の火山が噴火しています(東北太平洋沖地震だけが例外です)。

　2001(平成13)年、内閣府主導で国(内閣府、総務省、国交省、気象庁)、都県(東京、神奈川、山梨、静岡)および近隣市町村で構成する富士山火山防災協議会が発足、ハザードマップの作成(2004年6月報告書)(図1-7)、広域防災対策検討(2005年7月報告書)などの活動があり、2006(平成18)年2月、富士山火山広域防災対策基本方針が中央防災会議で決定されました。

　2011(平成23)年12月、内閣府により防災基本計画において火山防災協議会が位置づけられ、これを受けて2012(平成24)年6月に富士山火山防災対策協議会が設置され、2014(平成26)年2月、富士山火山広域避難計画がまとめられました。

　ハザードマップで想定した火山被害は、溶岩流、火砕流、火山灰などであり、溶岩流、火砕流は、富士山の位置する山梨県、静岡県で想定される被害です。

　東京では、富士山の次なる噴火を宝永大噴火と同規模と仮定すると、高度2万mまで立ち上った噴煙が、偏西風に乗って2時間で首都東京に到達すると予測されることから、火山灰の被害を受けることになります。

宝永大噴火では、江戸にまで火山灰が5cmほど積もったと記録されています。富士山頂火口から東京新宿区の都庁まで約95km、したがって東京全域では2〜10cmの降灰があると指摘されています。

3　火山灰による被害

　火山灰の被害はどのようなものか、火山灰の主な特徴と火山灰が及ぼす影響について、過去の事例、被害想定などより下記に示します[6]。

火山灰の特徴
- マグマが噴火時に破砕・急冷したガラス片・鉱物結晶片で、粒子の直径は2mmより小さいものです。
- 水に濡れると硫酸イオンなどが溶出し、導電性を生じて金属腐食の要因になります。
- 硫酸イオンは火山灰に含まれるカルシウムイオンと反応して石膏になり、乾燥すると固結します。

火山灰の影響

①健康
- 有珠山噴火では、降灰2cm以上の地域で目・鼻・咽・気管支の異常などが報告されています。
- 雲仙岳噴火では、島原市民の66％が健康面の影響を受けました。目の痛みは8割の市民が、咽の異常は6割の市民が経験しています。
- 桜島噴火については、鹿児島県、鹿児島市の調査では、降灰を要因とする明確な健康障害は確認されていません。

②建物
- 建築物の耐荷重は構造その他の要因により差異が大きいため、倒壊が発生する降灰量を一律に設定することは困難です。富士山噴火による被害想定では、降灰が乾燥時には45cmから倒壊が発生、降灰が湿潤時には30cmから倒壊が発生すると想定しています。

③交通
- 道路通行に関しては、湿潤時は数mm程度、乾燥時は1〜2cm程度で支障をきたします。

- 自動車のエアフィルターの目詰まりなどが予測されますが、その程度は不明です。
- 鉄道運行に関しては、レールに火山灰が数mm堆積すると運行システムに障害が発生することが懸念されます。
- 航空機の運航に関しては、大気中に浮遊する火山灰によりジェットエンジン内部で火山灰が溶解、冷却固着し、燃焼ガスの流れを乱すことによりエンジンが損傷され、停止に至ることがあります。

　空港には降灰に関する規定はありませんが、降灰の有無にかかわらず、滑走路が滑りやすい場合は航空機の離発着は行わないため、航空機は運航停止を余儀なくされます。

1-5　防災ハザードマップ

1　ハザードマップ

　「ハザードマップ」とは、一般的に「自然災害による被害の軽減や防災対策に使用する目的で、被災想定区域や避難場所・避難経路などの防災関係施設の位置などを表示した地図」とされています。防災マップ、被害予測図、被害想定図、アボイド（回避）マップ、リスクマップなどと呼ばれているものもあります。

　ハザードマップを作成するためには、その地域の土地の成り立ちや災害の素因となる地形・地盤の特徴、過去の災害履歴、避難場所・避難経路などの防災地理情報が必要となります。基本的には、「洪水」「内水」「高潮」「津波」「土砂災害」「火山」の災害の種類別に作成されており、全国の市区町村ではそれぞれの地区で起こる可能性のある災害にあわせたハザードマップを作成して公表しています。上記の災害のほかにも、震度被害マップや液状化マップなどを公表している自治体もあります。東京都内でも、大島や三宅島などでは火山ハザードマップを公開しています。

　国土交通省の「ハザードマップポータルサイト」(http://disaportal.gsi.go.jp/) では、公的なハザードマップに関する情報がまとめられており、「わがまちハザードマップ」では、全国の自治体が作成したハザードマップへのリンクが

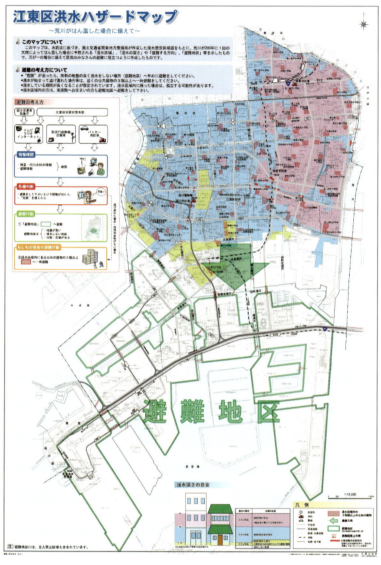

図1-8 江東区の洪水ハザードマップの例

掲載されており、全国地図から地域を選択していくことでその市町村のハザードマップを閲覧することができます。(図1-8)。

また、国土交通省では「重ねるハザードマップ」を2014（平成26）年からインターネットで公開しています。これは全国の各種ハザード情報や災害時に役立つ情報、防災に役立つ地理情報など（表1-1）をシームレスにスクロールできる地図に重ねあわせて表示するもので、水害・土砂災害・地震・地質・火山などの目的に応じて情報を閲覧できるようになっています。

表1-1　重ねるハザードマップで表示できる情報の種類

情報の種類	表示できる情報
各種ハザード情報	洪水浸水想定区域／津波浸水想定／土砂災害危険箇所／雪崩危険箇所など
災害時に役立つ情報	道路冠水想定箇所／通行規制区間／緊急輸送道路など
防災に役立つ地理情報	土地条件（盛り土・切り土・旧河道など）／都市圏活断層図／火山土地条件図／造成地／衛星写真など

2　地域危険度マップ

　東京都都市整備局では、東京都震災対策条例に基づき、おおむね5年ごとに地域危険度測定調査を行っており、都内各地域における地震の揺れによる建物の倒壊や火災の発生および延焼についての危険度をシミュレーションしています。これは特定の地震を対象としておらず、一律に揺れた場合の地盤や建物の条件から算出されています。

　それぞれの危険度について、町丁目ごとの危険性の度合いを5ランクに分けて相対的に評価し、それぞれの危険度4以上を示した図を「地域危険度マップ」として市区別に公表しています（図1-9）。

　このように、公的機関からハザードマップに類するものが複数公表されていますが、これらを参考にしつつ自宅周辺や勤務先、通勤経路など身近な場所の危険性について、実際に歩いてみて把握しておくことも重要です。

図1-9　江東区の地域危険度マップ

参考文献・引用文献

1) 内閣府・首都直下地震モデル検討会「首都のM7クラスの地震及び相模トラフ沿いのM8クラスの地震等の震源断層モデルと震度分布・津波高等に関する報告書」2013年12月
2) 東京消防庁ホームページ　http://www.tfd.metro.tokyo.jp/；「お江戸の科学」学研科学創造研究所　http://www.gakken.co.jp/kagakusouken/spread/oedo.html
3) 中央防災会議「大規模水害対策に関する専門調査会最終報告書」2010年4月
4) 大塚路子「最近の水害の状況と対策——中小河川の破堤水害と都市型水害を中心に」調査及び立法考査局、2006年
5) 中央防災会議「富士山火山広域防災対策基本方針」2006年2月
6) 気象庁ホームページ　http://www.jma.go.jp/jma/index.html；「広域的な火山防災対策に係る検討会資料」内閣府防災情報ホームページ　http://www.bousai.go.jp/kazan/kouikibousai/

2章

これまでの災害と被害の歴史

わが国ではこれまで多くの震災、津波・高潮による水害、火災などの災害を経験し、多くのことを学び、防災の視点で法令の制定、改正を重ねてきました。2章では災害種類別に時代に沿って（明治以降）、主な事象と対応についてまとめました。

2-1　地震、地震被害と建築に関する法律の変遷

1　濃尾地震（美濃・尾張地震）[1]

1891（明治24）年10月28日、午前6時38分に発生しました。震源は岐阜県本巣郡西根尾村（現本巣市）、地震規模はM8.0、根尾谷断層が活動した典型的な地殻内地震（直下型地震）です。

死者7,273人、負傷者17,175人、家屋全壊142,177棟、半壊80,324棟の被害が出ました。震度階級は4段階の最大レベル4の烈震であり、家屋倒壊率からみて現在の震度階級では震度7と推定される地域も分布しています。この被災状況などから耐震構造への関心が高まり、研究が進む契機となりました。

震災予防調査会[2]

濃尾地震を受けて、菊池大麓博士らが研究機関の設置を帝国議会に対して建議し、1892（明治25）年に震災予防調査会が設置されました。しかし、1923（大正12）年に関東大震災が発生すると、同調査会は有効な対策が打ち出せなかったと批判され、専門の研究所設置を求める声が高まりました。1925（大正14）年、地震研究所が設置されるとともに、震災予防調査会は廃止されました。

家屋耐震構造論

佐野利器博士（1880～1956）は1915（大正4）年の学位論文において、建物の設計に当たって「震度」の概念を提案しました。佐野は東大で辰野金吾博士に学び、1915年教授に就任、1918（大正7）年都市計画法の制定運動を行い、都市計画法と市街地建築物法の制定（1919年）に貢献した人物です。

佐野は、建物に作用する地震力（水平力）は建物の重量に比例するとし、東

京山の手の記念的建築物では0.2〜0.3、東京下町の工場などでは0.1〜0.15で設計することを推奨しました。震度法の考え方は、関東大震災翌年の1924（大正13）年から導入されました。

市街地建築物法

　日本で最初の建築法規です。1条〜3条は住宅、商業、工業各地域における用途別建築物の許可、不許可を表示、4条は地域における高さ制限（住宅地域20m、その他31m）、5条は構造による高さ制限（木造：高さ13m、軒高9m、木骨煉瓦造・石造：高さ8m、軒高5m）を規定していました。

2　大正関東地震（関東大震災）[3]

　1923年9月1日の11時58分に発生。震源は神奈川県相模湾北部、地震規模はM7.9の海溝型地震です。2つの震源をもつ本震（双子地震）と、3分後、5分後に発生した余震からなる複合地震で、広範囲に大きな被害をもたらしました。

　本震の第1は小田原直下、十数秒後の第2は三浦半島直下であり、3分後に東京湾北部を震源とするM7.2の余震が、さらに2分後に山梨県東部を震源とするM7.3の余震が発生しました。

　死者・不明者約10万5千人、被災者約190万人、家屋全壊約10万9千余棟、家屋全焼約21万2千余棟の被害が出ました。

　東京の火災被害が多く語られていますが、地震被害の中心は震源断層のある神奈川県内で、震動による建物の倒壊のほか、液状化による地盤沈下、崖崩れ、津波による被害が発生しました。震度7に相当する地域は小田原から鎌倉にかけて、および横浜、東京、房総半島南部の一部でした。火災被害については2-3節で詳述します。

耐震建築と不燃化の動き

　関東大震災では煉瓦造りの建物が多く倒壊しました。また、鉄筋コンクリート造の建物も大震災の少し前から建てられていましたが、建設中の内外ビルディングが倒壊したのをはじめ、日本工業倶楽部や丸の内ビルディングなども半壊するなどの被害を受けました。そのなかで、内藤多仲博士が設計し、

3か月前に竣工した日本興業銀行本店が無傷で残ったことから、一挙に耐震建築への関心が高まりました。

一方で、震災では火災による犠牲者が多かったことから、燃えやすい木造建築が密集し、狭い路地が入り組んだ街並みを区画整理し、燃えにくい建物を要所要所に配置し、広い道路や公園で延焼を防ぐ「不燃化」が叫ばれるようになりました。この街の改造には、前述の佐野利器博士が大きな役割を果たしました。

1924（大正13）年、市街地建築物法（1919年制定）の施行規則に地震力規程が追加されました［震度0.1：世界初の耐震規程］。震度0.1の根拠は、大きな地震による水平力を建物重量の3割とし、建築材料などの許容応力度が安全率3となっていたことによります。

内藤多仲と旅行トランク[4]

内藤多仲博士の耐震構造の着想に関するエピソードは有名ですが、ここでは「内藤多仲先生のご生誕百年を記念して」に収録されている谷資信博士（早稲田大学名誉教授）、小堀鐸二博士（京都大学名誉教授）の寄稿文から紹介しましょう。

内藤多仲博士は、早稲田大学教授になって間もなく、1917（大正6）～1918（大正7）年、アメリカへ1年間留学。はじめの旅行用トランクは、荷物が多いため中の仕切板を外して使い、壊れてしまいました。外からの力に仕切板が有効に働いていたことに気づき、買い換えたトランクは仕切板を取らずに使い無事帰国しました。旅行中の船の構造と併せて耐震壁を着想し、耐震壁による耐震構造理論をまとめました。

この旅行トランクは、後日、女婿であった小堀博士に譲られ、現在は、早稲田大学理工学研究所の内藤記念館に寄贈され展示されています（図2-1）。

図2-1　旅行トランク（内藤記念館所蔵）

3　南海地震（昭和南海地震）

　1946（昭和21）年12月21日、和歌山県潮岬南南西沖78km、深さ24 kmを震源として発生、地震規模はM8.0です。

　地震発生直後に津波が発生し、主に紀伊半島、四国、九州の太平洋側に襲来しました。被災状況は、死者・不明者1,432人、家屋全壊11,591棟、半壊23,487棟、流失1,451棟、焼失2,598棟でした。高知県四万十市は、市街地の8割以上が地震動で生じた火災などにより壊滅しました。また、和歌山県串本町、海南市は、津波による壊滅的な被害を受けました。

　南海地震を教訓に、翌1947（昭和22）年、災害救助法が制定されました。同法は、国が地方公共団体、日本赤十字社そのほかの団体および国民の協力の下に、応急的に必要な補助を行い、被災者の保護と社会の秩序を図ることを目的としています。

4　福井地震[5]

　福井県坂井郡丸岡町（現坂井市丸岡町）付近を震源に、1948（昭和23）年6月28日発生した都市直下型地震です。地震規模はM7.1で、福井県福井市で震度6、富山県富山市、石川県金沢市、輪島市、福井県敦賀市、山梨県甲府市、長野県飯田市、奈良県奈良市などで震度4が観測されました。

　死者3,858人、倒壊家屋35,420棟（そのうち福井市の被害は、死者930人、家屋全壊

12,270戸、半壊3,158戸)、全壊率79％、焼失2,069棟、出火件数24件、焼失面積641,440坪を記録しました。

この地震を契機として、1949（昭和24）年に震度7が創設されました。ただし、震度7については、倒壊家屋の割合が3割を超えることが規準であったため、震度計の測定情報をもとにした速報は震度6まででした。震度7の判定は、後の調査によってなされました。

建築基準法の制定

1950（昭和25）年に「建築基準法」が制定され、「市街地建築物法」が廃止されました。建築基準法の耐震計算方法は、市街地建築物法と同じ許容応力度法ですが、長期と短期という2つの荷重の状態を考慮することになり、新たに設けられた短期許容応力度は、従来の許容応力度に比べ2倍に引き上げられました。このことに関連し、水平震度も0.1以上から0.2以上に引き上げられました。また、地域別の設計震度も導入されました。

5　新潟地震[6]

1964（昭和39）年6月16日13時1分、新潟市の北約50km、深さ40kmを震源として発生。地震規模はM7.5で、新潟県相川町、新潟市、長岡市、村上市、山形県新庄市、酒田市、鶴岡市、宮城県仙台市、鳴子町で震度5、東北各県、北関東各県、石川県、長野県で震度4を観測しました。死者26人、家屋全壊1,960棟、半壊6,640棟、浸水15,298棟を記録しました。

地震発生から15分後に津波第一波が来襲、新潟市では高さ4m、佐渡島両津港では3m、塩谷間では4m、直江津では1～2mの津波が観測されました。新潟市内の信濃川左岸では、液状化現象により、河畔の県営川岸町アパートが大きく傾き、ほぼ横倒しになった棟もありました（図2-2）。

空港と港の中間にある昭和石油新潟製油所のガソリンタンクの配管が地震で損傷、漏出したガソリンが液状化により湧出した地下水および津波による海水の上を広がり、地震から5時間後に炎上しました。周囲のタンクも誘爆炎上し、拡大した火災は12日間燃え続けました。周辺民家にも火災が及び、国内で起きたコンビナート火災として史上最大となりました。災害の原因は当

時液状化現象とされていましたが、後にほかの地震災害研究から、長周期地震動によるものであると説明されています。

図2-2　新潟市川岸町の傾斜した県営アパート
(http://ecom-plat.jp/19640616-niigata-eq/index.php?gid=10020)

図2-3　落橋した昭和大橋
(http://ecom-plat.jp/19640616-niigata-eq/index.php?gid=10020)

信濃川にかかるコンクリート橋の被害では、開通直後だったのに橋桁が倒れ、単スパン毎に傾いた昭和大橋は橋の被害の象徴として有名です（図2-3）。そのほか、万代橋は取り付け部の破損のみで車両の通行は可能でしたが、八千代橋は橋脚が倒れるなどの被害を受けました。

地盤の液状化現象

　液状化現象は、地震の際に地下水位の高い砂地盤が振動により液体状になる現象です（図2-4）。地盤上の比重の大きい構造物などが沈み込み、倒れたりします。また、地中の比重の小さい構造物は浮き上がったりします。

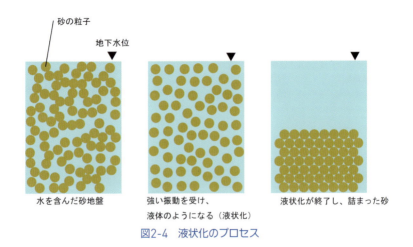

図2-4　液状化のプロセス

　液状化しやすい地盤は、①N値（地震の硬軟を示す値）が20以下で土粒子が0.03〜0.5の砂地盤、②地下水の位置が地表から10m以内、③大きな地震の揺れ、震度5弱以上、といわれています。
　液状化を防ぐには、地盤を締め固める地盤改良が有効です。地盤改良は、a）置換（不良な土を除いて、良質な土と置き換える方法）、b）固結（軟弱地盤とセメントを混ぜ、強固な地盤とする方法）、c）締め固め（振動を与えたり砂杭を打ち込んだりして、土の中の水を絞り出す方法）の3つが代表的です。建物を建てる場所の地盤改良はもとより、飛行場の滑走路のような広い地盤の改良にも用いられます。

対策を講じた先覚者

　吉見吉昭・東京工業大学名誉教授は、著書『新潟地震の教訓』のなかで、新潟市の地盤は危険であると予測し、対策を講じた先覚者3人を紹介しています。新潟市役所の設計・施工を指導された際、基礎下の砂が逃げないように地下室掘削用のシートパイルを長めに打ち込んで、そのまま埋め殺す工法を採用させた内藤多仲博士（1886～1970）、新潟駅の建物が設計された際に、液状化の可能性ありと判断し、十分な長さの杭基礎を推奨された斉藤迪孝博士（1916～2010）、新潟市の緩い砂は液状化の可能性が高いと判断され、オイルタンクを支持する地盤をバイブロフローテーション工法によって締め固めさせ、そのタンクは無被害であった最上武雄博士（1911～1987）の3博士です。

6　十勝沖地震[7,8,9]

　青森県東方沖を震源として、1968（昭和43）年5月16日に発生。北米プレートに太平洋プレートが沈み込むことによって発生した海溝型地震です。地震規模はM7.9で、北海道函館市、苫小牧市、浦河町、広見町、青森県青森市、八戸市、むつ市、岩手県盛岡市で震度5を観測しました。死者52人、負傷者330人、家屋全壊673棟、半壊3,004棟、一部損壊15,677棟の被害が出ました。この地震は三陸沖北部地震に区分されるため、「1968年十勝沖地震」と呼称する必要があります。

　この地震により、函館大学（図2-5）、三沢商業高等学校、八戸東高等学校、八戸工業専門学校、むつ市役所庁舎などの倒壊（圧壊）をはじめ、昭和30年代後半から建てられた比較的新しい鉄筋コンクリート造の公共建築物の被害が目立ちました。特に、鉄筋コンクリート柱の剪断破壊が顕著であり、RC部材の剪断補強に関連して、1971（昭和46）年、建築基準法施行令の改正と鉄筋コンクリート構造計算基準（日本建築学会）の改定が行われました。

図2-5　函館大学の被害（1階が完全につぶれ、2、3、4階も破壊された校舎）

鉄筋コンクリート柱の剪断破壊

　鉄筋コンクリート柱の設計は、柱に作用する圧縮力、剪断力、曲げモーメントについて行われますが、垂れ壁、腰壁により「短柱」となることが設計時には想定されていなく、結果的に大きな剪断力が柱に作用し、破壊に至りました。柱の剪断破壊はコンクリートの剥落、柱主筋の座屈を伴い、荷重の支持機能を失う大災害につながりかねません。

　1971年の建築基準法施行令の構造規定改正では、建築物は靱性を確保すべきことが定められ、特に柱の靱性確保から、鉄筋コンクリート柱の補強方法が改正され、帯筋間隔を短くするなど規定が強化されました。

　同法施行令77条の帯筋間隔については、15cm以下、柱に接着する壁、梁その他の横架材から上方または下方に柱の小径の2倍以内の距離にある部分は10cm以下、最も細い主筋の径の15倍以下と定められました。

7　宮城県沖地震

　1978（昭和53）年6月12日17時14分、仙台市の東方100km、深さ40kmを震源として発生しました。地震規模はM7.4で、岩手県大船渡市、宮城県仙台市、石巻市、山形県新庄市、福島県福島市で震度5、東北地方、関東地方各地（東京都、神奈川県まで）で震度4を観測しました。死者28人、負傷者1万人余り、全半壊約7,500棟の被害が出ました。東北大学工学部建設系研究棟1階と9階に設置された強震計では、9F南北成分として最大加速度1,040galが計測されました。

　家屋の倒壊被害が大きかったことと、天井などの二次部材・設備機器の被害が多く発生したため、3年後の1981（昭和56）年、建築基準法施行令の大改正および新耐震設計法の導入につながりました。

新耐震設計法

　1971年の米国サンフェルナンド地震を契機に、1972（昭和47）年から建設省総プロ「新耐震設計法の開発」が開始され、1977（昭和52）年に終了しました。1978（昭和53）年発生の宮城県沖地震などの建築物被災を受け、新耐震設計法の成果をもとに、1980（昭和55）年、建築基準法施行令の耐震関係規定が大改正され、翌年1981（昭和56）年6月に施行されました。

　従来の地震力は一律に水平震度0.2以上とされていましたが、新たな規定では地盤種別と固有周期により定められるほか、建築物の上階部分での地震力を従来の値より大きくするなどの動的配慮が加えられました。

　さらに地震に対しては、2つの大きさの地震を設定し、2段階の設計をすることになりました。すなわち、建築物の耐用年数内に数度は遭遇する可能性のある程度の地震（震度5強程度）では軽微な損傷にとどまり、耐用年数内に1度あるかないかの極めてまれな大地震（震度6強から震度7）でも人命に被害を及ぼさない（建物が倒壊等はしない）強さとすることを義務づけました。前者の建築物の自重20％の地震力に対する設計（1次設計）に加えて、後者の自重100％の大きな地震力に対しても設計（2次設計）することになりました。この2次設計の場合は、許容応力度ではなく、構造物の靱性を考慮した保有水平耐力によるとしています。

8　兵庫県南部地震(阪神・淡路大震災)[10,11]

　兵庫県北淡町、深さ16kmを震源として、1995(平成7)年1月17日5時46分に発生した直下型地震です。この震源(野島断層)を起点とする断層亀裂は、神戸市にかけて約50kmと推定されています。地震規模はM7.3、神戸市、芦屋市、西宮市、宝塚市、北淡町、一宮町、津名町で震度7、神戸市、洲本市で震度6、豊岡市、彦根市で震度5を観測しました。死者6,434人、負傷者43,792人、家屋全壊104,906棟、半壊144,274棟、全半焼7,132棟の被害が出ました。神戸気象台では、最大加速度848gal、最大速度105カイン、最大変位27cmが記録されました。

　建物被害については、日本建築学会、建築業協会、企業などによる調査が行われ、報告書にまとめられています。それらをもとにした被害の特徴は以下のとおりです。

- 高層建物は、構造体にはほとんど被害はありませんでしたが、非構造部材、設備には一時入館を制限するほどの被害がみられました。
- ビルの中間層破壊(図2-6)、高層マンションの鉄骨柱の破断、RC中層マンションの隅柱の破壊が特徴的にみられました。
- 中低層建物では、1階の破壊(図2-7)や、土台から切り離されて倒壊した被害もみられました。

図2-6　ビルの中間層破壊

図2-7 1階部分が破壊、倒壊したビル

- 特に、瓦葺き屋根の木造住宅で破壊による圧死者が多く出ました。地震の少ない関西地方では、古くから土葺き工法が採用されており、関東地方の瓦屋根に比べて重いことも影響しました。
- 大きな被害のあった建物は、そのほとんどが1981（昭和56）年以前の建物、すなわち新耐震設計法以前の旧基準によって設計された建物であることがわかりました。
- 近畿地区全体で約5,000台のエレベーターに被害が発生し、閉じ込め件数も156件ありました。

　この阪神・淡路大震災を機に、1996（平成8）年4月1日、震度階級改定により体感による観測を全廃して震度計による観測に完全移行するとともに、震度5と震度6にそれぞれ「弱」と「強」が設けられ、10段階となりました。これに伴い「烈震」や「激震」などの名称は廃止されました。また、例外的に被害率で判定することとされていた震度7も、震度計による観測に統一されました。

　また、この地震を契機として、1998（平成10）年、被災者生活再建支援法が制定されました。これは、自然災害によりその生活基盤に著しい被害を受けた者に対し、都道府県が相互扶助の観点から拠出した基金を活用して、被災者生活再建支援金を支給する措置を定めた法律です。ここでいう自然災害と

は、暴風、豪雨、豪雪、洪水、高潮、地震、津波、噴火その他の異常な自然現象により生ずる被害を指します。

さらに2000（平成12）年には、耐震壁のバランス配置、構造スリット設置、性能規定、限界耐力計算法の導入、全国活断層調査を内容とする建築基準法の改正がされました。

9　中越地震

新潟県中越地方、震源深さ13kmを震源として、2004（平成16）年10月23日17時56分に発生した直下型地震（ユーラシアプレート内、逆断層地震）です。気象庁によって新潟県中越地震と命名されました。

地震規模はM6.8、川口町（現長岡市）で震度7、山古志村、小千谷市、小国町で震度6強、長岡市、十日町市、栃尾市（現長岡市）、越路町、三島町で震度6弱を観測しました。1995年の兵庫県南部地震以来、9年ぶりに震度7が観測されました。震度7は観測史上2回目で、かつ震度計で震度7が観測されたのは初めてです（気象庁「災害時地震速報」2004年11月10日）。

死者40名、負傷者4,574名、家屋全壊2,867棟、半壊11,122棟、一部破損91,553棟の被害が出ました（2005年1月12日消防庁発表）。

この地震により、震源から200km離れた六本木ヒルズ森タワー（54階、238m）の67基あるエレベーターのうち6基が、機器が損傷したり、ワイヤーが絡まったりして停止し、そのうち2基で乗客1人ずつが一時閉じ込められました。このうち1基は、8本あるワイヤーのうち1本が切断。復旧に約1か月を要しました。中越地震によるエレベーター閉じ込め事故は、地震の中心地域では855台中0件、新潟県周辺地域では5,337台中1件、遠隔地では226,269台中11件発生しており、そのほとんどが東京都でした（ちなみに東京の震度は3）。「首都直下地震等による東京の被害想定」（2012年4月東京都防災会議）によれば、最悪の場合、約7,500台のエレベーターで閉じ込めが発生すると想定しています。高層マンションなどには、停電・断水に加え、エレベーターの停止による「高層難民」の大量発生が懸念されています。

10　東北太平洋沖地震（東日本大震災）

　太平洋三陸沖（仙台市の東方70km）、深さ24kmの太平洋プレートと北米プレートの境界域を震源として、2011（平成23）年3月11日14時46分に発生した海溝型地震（逆断層型、連動型地震）です。地震規模はM9.0で、日本観測史上最大規模です。宮城県栗原市で震度7、宮城県、福島県、茨城県、栃木県で震度6強、岩手県、宮城県、福島県、茨城県、栃木県、群馬県、埼玉県、千葉県で震度6弱を観測しました。

　また、この地震により、波高10m以上、最大遡上高40.5mの大津波が発生しました。

　死者・不明者18,465人、負傷者6,152人、家屋全壊127,391棟、半壊265,096棟、一部損壊743,278棟の被害が出た（地震動、津波、液状化などによる被害累計、総務省消防庁資料）ほか、超高層ビルの揺れ被害や天井落下などの非構造部材被害が多く報告されています。

　2011年4月27日に、中央防災会議「東北地方太平洋沖を教訓とした地震・津波対策に関する専門調査会」が設置されました。また、国土交通省は東日本大震災における建築被害をふまえ、建築基準について以下のような検証・見直しをするとしました。
①　津波危険地域における建築基準などの整備に資する検討
②　地震被害を踏まえた非構造部材の基準の整備に資する検討
③　エスカレーターなどの昇降機にかかわる地震安全対策に関する検討
④　長周期地震動に対する建築物の安全性検証方法に関する検討
⑤　液状化に関する住宅情報の表示にかかわる基準の整備に資する検討

超高層ビルの揺れ被害

　長周期地震動が長く継続したのも、この地震の特徴です。長周期振動の影響を受けやすい超高層建物は、震源からはかなり離れた東京でも大きく揺れて、社会的不安を引き起こしました。

　地震記録が得られている工学院大学新宿校舎（28階建鉄骨造、1次周期約3秒）では、上層階の揺れが大きく、1階の計測震度5弱に対し、29階では加速度で最大300gal、変位では37cmを示しました。また、都庁第一本庁舎（48階建て、固

有周期約5秒）では最上階の最大振幅は65cmを示しました。2009（平成21）年に耐震補強を行った新宿センタービル（54階建て、固有周期約5秒）では、最上階の最大振幅は54cmであり、耐震補強がなければ70cmと推定されています。さらに震源から600～700km離れた大阪の咲州庁舎（52階建て、固有周期約6秒）では、約10分間の揺れが生じ、最上階では最大1mを超える揺れが生じました。咲洲庁舎固有周期と大阪湾地域における地震動の卓越周期（6～7秒）がほぼ一致して共振したものと考えられます。

また、地震動の長周期成分がさほど減衰することなく届く現象も、再認識させられました（超高層ビルと長周期地震動については、第3章で詳しく解説します）。

天井落下防止対策

東日本大震災では、体育館、劇場、商業施設、工場などの大規模空間を有する建築物の天井について、比較的新しい建築物を含め、脱落する被害が多くみられました。原因は、揺れによる天井材の衝突、はずれ、接合金物の耐力不足などが考えられますが、大きな揺れを想定した設計・施工になっていなかったといえるでしょう。

大地震での人命安全の観点から、国交省、文科省、建築学会で対策が検討され、それぞれ指針として答申されています。新規設計のみならず、既存の建物の天井についても見直すことが重要です。

国土交通省は、2012年7月、「建築物における天井脱落対策試案」を公表し、2014年4月、建築基準法施行令改正および政令・技術基準告示の公示・施行に至っています。基準は安全上重要である天井（単位面積重量2kg/m²超、高さ6m超、面積200m²超）を対象に、中地震で天井が損傷しないこととし、中地震を超える地震においても脱落の低減を図ることとし、性能の検証ルートを示しています。

文部科学省は、2012年9月、「学校施設における天井等落下防止対策の推進に向けて（中間まとめ）」を公表し、その後、国交省の技術基準の検討状況をふまえ、2013年8月、具体的な対策手順や留意点をまとめた「学校施設における天井等落下防止のための手引き」を公表しています。

日本建築学会は2013年3月、「天井等の非構造材の落下防止ガイドライン」

を公表し、「人命保護」と「機能維持」の基本概念に基づき、「必要とする技術論」から「設計の進め方」「関係者の役割」まで幅広い提言を行っています。

11　熊本地震[12]

2016（平成28）年4月14日21時26分以降に、熊本県と大分県で相次いで発生した地震です。

4月14日21時26分に発生した地震（前震）は、震源は熊本地方、震源の深さは11km、地震規模はM6.5で、益城町で震度7、玉名市、西原村、宇城市、熊本市で震度6弱を観測しました。

4月16日1時25分に発生した地震（本震）は、震源は熊本地方、震源の深さは12km、布田川断層帯の活動によって起きました。地震規模はM7.3で、西原村、益城町で震度7、南阿蘇村、菊池市、宇土市、大津町、嘉島町、宇城市、合志市、熊本市で震度6強を観測しました。

前震、本震合わせて、死者49名、行方不明者1名、負傷者1,496名、建物全壊2,487棟、半壊3,483棟、一部破損22,855棟、被害分類未確定31,275棟の被害が出ました。熊本城をはじめ市町村庁舎など、多くの公共的構造物が被害を受けました。

熊本城は、加藤清正が中世城郭を取り込み改築した平山城で、加藤清正改易後の江戸時代の大半は熊本藩細川家の居城であり、日本3名城の1つです。14日の地震で、天守閣の屋根瓦が崩れた上に、屋上にあった「しゃちほこ」が落下し、石垣が少なくとも6か所で崩れ、塀が100mにわたって倒壊しました。さらに16日の本震で、築城当初から残っていた重要文化財の東十八間櫓と北十八間櫓が崩壊しました。

2-2　津波、高潮、豪雨などによる水害

1　明治三陸地震津波

1896（明治29）年6月15日に発生、現大船渡市で遡上高さ38.2mの津波が観測されました。死者・不明者22,000人、家屋流失・全壊11,722戸の被害が出ました。被害額は当時の額で710万～870万円にのぼりますが、これは当時の国

家予算（8,000万円）の約10％に相当します。

2　明治43年大水害[13]

1910（明治43）年8月11日に、台風による集中豪雨が原因で、利根川、荒川（現隅田川）、多摩川水系の広範囲にわたって河川が氾濫して起きた水害です。死者769人、行方不明78人、家屋全壊2,796戸の被害が出ました。

東京は下町一帯がしばらくの間冠水し、浅草寺に救護所がつくられました。浸水家屋27万戸、被災者150万人に達しました。

荒川放水路

荒川は江戸時代からたびたび氾濫しており、明治になってからも床上浸水などの被害をもたらした洪水は10回以上、なかでも1910年の水害は甚大な被害をもたらしました。そこで、この水害を機に、東京下町を水害から守る抜本策として、1911（明治44）年、現在の荒川である「荒川放水路」の開削事業が始められました。

開削計画の内容は、岩淵地点における洪水推定流量から、毎秒3,340m³を荒川放水路に流下させ、隅田川には堤防がなくても洪水が氾濫しない流量として毎秒830m³流下させるというものでした。1924（大正13）年、岩淵水門の完成により上流から下流まで水が通り、1930（昭和5）年に荒川放水路が完成しました。

完成以降も、大型台風（1947年のカスリーン台風など）の来襲を受けての洪水流量の大幅な見直しによる低水路拡幅改修、東京湾高潮対策としての高潮堤防の整備などが行われ、今日に至っています。

荒川放水路の効果を評価するシミュレーションが行われており、荒川放水路がなかった場合、2007（平成19）年9月の台風9号時の洪水被害は甚大で、鉄道や主要駅も浸水し、多数の避難民や帰宅困難者を発生させ、この洪水による被害額は約14兆円にのぼったであろうと推定されています。

3　大正6年高潮災害

1917（大正6）年10月1日、関東地方を南西から北東に縦断した台風が各地に

集中豪雨をもたらし、東京湾では最高潮位3.0mが観測されました。

　近畿以東を中心として死者・不明者1,324人、建物全・半壊55,733戸の被害が出ました。なかでも関東地方、特に東京府下の被害が大きく、1910年の大水害と異なり沿岸部での高波による被害が目立った水害となりました。東京府では京橋区、深川区、本所区などの東京湾沿岸域や隅田川沿いで被害が大きく、多くの人が溺死しました。東京府の死者、行方不明者は全国の半数近く563人に上りました。

4　カスリーン台風高潮災害[14]

　1947（昭和22）年9月13日～14日に発生した典型的な雨台風で、秩父610mm、箱根532mm、日光467mmと関東地方に多量の降雨がもたらされました。特に、利根川上流域の降雨は河川堤防の破壊につながりました。

　死者1,077名、不明者853名の被害が出ました。群馬県下では土石流被害、埼玉県下では利根川、荒川の堤防決壊による洪水被害、19日未明には桜堤の決壊で、金町、柴又、小岩が水没しました。

　当時の建設土木行政は内務省にありましたが、内務省はGHQの命により1947年12月31日に解体され、内務省国土局と戦災復興院を統合して総理府の外部に建設院が設置されました。カスリーン台風で大被害を受けた群馬県では、1948（昭和23）年3月16日付で建設省設置に関する意見書を県議会で決議し、内閣総理大臣ほか各大臣に提出しました。これらを受けて同年7月10日、建設院は建設省と改称されました（建設省は2001年1月5日まで存続し、1月6日中央省庁再編に伴い、運輸省、国土庁、北海道開発庁と統合して国土交通省が設置されました）。

5　伊勢湾台風高潮災害[3]

　1959（昭和34）年9月26日に発生し、紀伊半島の和歌山県、奈良県、伊勢湾沿岸の三重県、愛知県、日本アルプス寄りの岐阜県に被害をもたらしました。伊勢湾で最高潮位3.9mが観測されました。

　死者・不明者5,098人、負傷者38,921人、家屋全壊36,135戸、家屋半壊113,052戸、流失家屋4,703戸、床上浸水157,858戸、船舶被害13,759隻の被害が出ました。

この災害に対する対応として、名古屋市では水防計画で指定していた56か所の避難所（学校）に加え、被災後205か所を避難所として新たに指定、実人数81,862人を収容しました。また、中部災害対策本部を設置し、応急救助の円滑化、被災者支援、応急仮設・災害公営住宅の建設、資材の緊急輸送などの復旧活動を一元化しました。

　この災害の経験をふまえて、災害対策基本法が被災から2年後に制定されました。同法は、国土ならびに国民の生命、身体および財産を災害から保護するため、防災に関し防災計画の作成、災害予防、災害応急対策、災害復旧および防災に関する財政金融措置その他必要な災害対策の基本を定めた法律で、①防災に関する責務の明確化、②防災に関する組織、③防災計画、④災害対策の推進、⑤財政金融措置、⑥災害緊急事態で構成されています。

6　東日本大震災津波

　2011（平成23）年3月11日に発生、大船渡市で遡上高さ40.1mの津波を観測したほか、福島県相馬市で津波波高9.3m以上を観測しました。

　東北太平洋沖地震の項ですでに述べたように、死者・不明者18,465人、流失・全半壊家屋392,487戸の被害が出ました。

　対応として、第29回中央防災会議（2011年12月27日）で防災基本計画の修正が決定されました。最も大きな修正は、防災基本計画第3編「津波災害対策編」が新設されたことです。国土交通省は、東北地方太平洋沖地震の項で述べた建築被害をふまえた建築基準の検証・見直しへの対応の1つとして、津波危険地域における建築基準等の整備に資する検討を推進しました。

　2003（平成15）年12月、中央防災会議は、東南海・南海地震対策大綱において「堅牢な高層建物の中・高層階を避難場所に利用するいわゆる津波避難ビルの活用等を進める」とし、2005（平成17）年6月、津波避難ビル等に係わるガイドラインが内閣府より示されました。東日本大震災を受けて「構造上の要件」などが見直され、暫定指針が策定されました（2011年11月）。

　「構造上の要件」では、津波荷重について、従来、浸水深さの一律3.0倍としていたところを、軽減効果のある堤防などの有無や海岸からの距離に応じて、1.5～2.0倍まで合理化しました。「避難スペースの高さ」では、浸水深さ

や階高などに応じ個別検討が必要ですが、想定浸水深さ想定階の2階上に設ければ安全側としています。

2-3　火災害

1　銀座大火

1872（明治5）年4月3日午後3時頃、和田倉門内祝田町の旧会津藩邸から出火、銀座方面へ延焼、午後10時頃鎮火しました。

各省官邸13か所、官員の邸宅34か所、諸侯藩邸6か所、寺院58か所、町家41町4,879戸が被害を受け、8人死亡、19,872人が被災しました。

由利公正東京府知事は、銀座大火の復興を機に、東京府下を欧米風の煉瓦建築による不燃建築物の市街にしたいと考え、太政官に進言しました。太政官は大いに賛成し、大火災4日後東京府下の家屋を石造り（煉瓦建築など）にし不燃化するよう東京府に指令しました（銀座煉瓦街の出現）。

銀座煉瓦街[15]

銀座大火をきっかけに、政府は銀座を文明開化の街として再建すべく街区計画案を作成しました。案作成者の御雇外国人技師トーマス・ジェームス・ウォートルはこの案のなかで、道路の拡幅と家屋の煉瓦造化を示し、あわせて道路の幅員に応じた建物の高さを決めており、高さのそろった統一的な街並み構成が意図されました。具体的には、15間・10間道路（約27m・18m）は、3階建て、高さ30〜40尺（約9〜12m）、軒高30尺以下とされました。明治半ば以降も銀行、市庁舎、保険会社などを中心とする建物群が日本人建築家の手により2〜3階建ての煉瓦造、石造でつくられました。1894（明治27）年には、丸の内馬場先通り沿いに煉瓦造・石造・鉄骨煉瓦造からなる3階建てのオフィスビル群が建設されました。

2　関東大震災における火災害[3]

1923年9月1日午前11時58分に発生した関東地震（大正関東地震）については、すでに2-1節で地震概要と全体被害の概要を述べましたが、建物被害、人的被

害の多くが火災によって起きたことから、ここで改めて説明します。

　東京は震源から70kmほど離れており、山の手台地で震度5強、荒川低地で震度6弱でしたが、ちょうど昼食時のことで多くの火源があり、地盤が悪いため建物倒壊が多かった荒川や神田川の低地を中心に、市内全体で98か所から出火しました。出火98のうち27が初期消火に成功し、残りの71が延焼に発展しました。また、飛び火による火元で延焼に結びついた41を加え、延焼火元は112か所であったとされています。この多数の延焼域は、58の火系となって市域の半分近くを焼き尽くしました。完全に鎮火したのは9月3日の午前8時頃でした。

　被害状況は、東京市で約22万棟の建物が焼失、焼失面積は3,836ha（市域の約44％）、焼死者は約6.6万人、横浜市で約6.3万棟の建物が焼失、焼失面積は1,000haでした。

被服廠跡地での惨事

　地震直後、周辺の下町一帯から多くの人が、陸軍被服廠跡地の造成中の公園（横網町公園）に避難場所として集まってきました。16時頃、地震で発生した火災による熱風が人々を襲いました。避難の際に持ち出した家財道具に火が移り、さらに巨大な火災旋風が発生し、炎の中にすべてを飲み込み、避難した人だけで38,000人が犠牲になりました。後日、遺体はその場で火葬され、仮設の慰霊堂に収容されました。後に建築家伊藤忠太の設計による納骨堂（三重塔）や慰霊堂が建てられ、1930（昭和5）年に完成、翌1931（昭和6）年には復興記念館が完成しました。

　1945（昭和20）年3月10日、第2次世界大戦の東京大空襲で下町一帯は再び焦土と化し、多くの犠牲者を生みました。震災犠牲者、戦災犠牲者（空襲での一般人犠牲者）をあわせて祀る記念公園として、1951（昭和26）年9月に「東京都慰霊堂」と改められました。現在、関東大震災受難者約58,000人、大戦受難者約105,400人が祀られています。

3　千日デパート火災

　1972（昭和47）年5月13日の22時27分、3階婦人服売り場より出火、延焼は5

階まででしたが、建材燃焼による有毒ガスが階上に充満し、逃げ道であるはずの階段が煙突の役目を果たして、営業中だった7階のキャバレー「プレイタウン」に瞬く間に煙が充満しました。

このビルは1932（昭和7）年に建てられた大阪歌舞伎座を改装したもので、1958（昭和33）年に開業した典型的な複合用途ビル（雑居ビル）で、1950（昭和25）年施行の建築基準法に不適合（既存不適格ビル）でした。

出火原因は、電気工事関係者のタバコの不始末と推定されましたが、確定していません。避難路を含めた防災設備、避難設備の不備と従業員の不手際が重なり、大きな惨事となりました。

96名の客が一酸化炭素中毒で窒息死したほか、ガラスを割って地上に飛び降りた客24名中22名が死亡しました。死者118名でした。

この事故から、避難誘導の周知徹底と自衛消防訓練の実施、複合用途ビルにおける共同防火管理の強化、避難路を煙・ガスから防ぐための措置、休店・夜間等における工事中の火気規則という教訓が得られました。

4　大洋デパート火災

1973（昭和48）年11月29日の午後まもなく、2階から3階への階段踊り場にあった段ボール箱付近から出火したといわれています。出火原因は、タバコの火の不始末、放火、改装工事の火花などが考えられていますが、判明していません。

この建物は1952（昭和27）年にRC造、地下1階地上7階で建てられ、1956（昭和31）年に8階部分を増設しているほか、9〜13階の塔屋を有しており、出火当時は、隣接する櫻井総本店ビルの増築および改装工事をしながらの営業でした。従業員による消火活動は、消火栓は水圧不足、粉末消火器は薬剤放出せず、バケツによる水の運搬のみで、結局、初期消火に失敗しました。

3階以上13,500m²を全焼し、客、従業員、工事関係者の103人が死亡、126人が重軽傷を負いました。

前年の大阪千日デパート火災と、この大洋デパート火災を精査した結果、建物がそれぞれ「既存不適格」であったことが判明したため、建築基準法と消防法の大幅な改正が実施されることになりました。一連の法改正では、百貨

店などの商業ビル建築での窓設置の義務化を省く一方で、停電時の非常照明設備の設置や避難路の確保などが義務化されることとなりました。

　1974（昭和49）年の消防法の改正で、最も画期的だったのは、法律の大原則「遡及適用の禁止」に例外を定めたこと、すなわち過去に建造されたものであっても現在の規準に適合させるよう義務づけたことです。

5　静岡駅前地下街ガス爆発

　1980（昭和55）年8月16日の午前9時31分、静岡第一ビル地階の飲食店で小規模なガス爆発事故が発生しました。この爆発は、地下の湧水処理槽に溜まっていたメタンガスに何らかの火が引火したことが原因と考えられています。

　この爆発により都市ガスのガス管が破損し、漏れたガスが地下街にたまりました。午前9時56分、2回目の爆発が起こり、たまっていたガスに引火したことで、この爆発は大規模なものとなりました。直上の雑居ビルが爆発炎上、死者15名、負傷者223名の被害が出ました。

6　ホテルニュージャパン火災

　1982（昭和57）年2月8日、午前3時24分に出火、12時36分に鎮火するまで約9時間燃え続け、死者33人、負傷者34人の大惨事となりました。9階9号室の宿泊客の寝タバコが原因でした。

　消防当局の指導にもかかわらず、スプリンクラーなどの消防設備が未設置だったことや、火災報知器の故障、館内放送設備の故障と使用方法の誤り、宿直ホテル従業員の少なさ・教育不足などが指摘されました。

7　新宿歌舞伎町ビル火災[16]

　2001（平成13）年9月11日、「明星56ビル」で発生しました。ビル3階のゲーム麻雀店「一休」のエレベーター付近から出火、3階と4階のセクシーパブ「スーパールーズ」の防火扉が開いていたため、煙の回りを早めました。44名が死亡（3階は19名中16名が死亡、4階は28名全員が死亡）、戦後5番目の大惨事となりました。

　自動火災報知器は設置されていましたが、誤作動が多いため電源が切られ

ていました。4階は天井を火災報知器ごと内装材で覆い隠した状態でした。

この火災を契機に2002（平成14）年10月、消防法が大幅に改正され、ビル所有者などの管理者はより重大な法的責任を負うことになりました。主な改正点は、火災の早期発見・報知対策の強化、違反是正の徹底、罰則の強化、防火管理の徹底です。

2-4 火山災害

1 磐梯山噴火[1]

1888（明治21）年7月15日、水蒸気爆発により小磐梯の山体が大崩壊、岩屑なだれが流下し集落を埋没しました。死者477人。

岩屑なだれが河川を閉塞したことによって、松原湖・小野川湖・秋元湖・五色沼などができました。山体崩壊により山頂の標高は約165m低下し、北に向かってU字に開いた凹地（崩壊カルデラ）を生成しました。

近代日本を襲った最初の大規模な火山災害で、世界的にも火山観測の体制がまだ確立されておらず噴火予知は不可能で、多くの住民が犠牲になりました。

2 桜島大噴火[5]

1914（大正3）年1月12日、西側山腹と南東側山腹から噴火、噴火の約8時間後の18時半にはM7.1の地震が発生しました。13日には溶岩を流出し、南東側の溶岩流は集落をのみこみ海に流入して、1月末には大隅半島と陸続きになりました。

当時の桜島島内の人口は約21,300人で、島民の死者・行方不明者30名でした。鹿児島市は地震により死者29名、家屋全壊120戸と大きな被害を受けました。

3 十勝岳噴火[3]

1926（大正15）年5月24日、噴火により火口丘が崩壊、岩屑なだれとともに残雪が融け、大規模な泥流が発生しました。十勝岳は30〜40年おきに噴火を

繰り返しており、1923年頃から噴気活動が次第に激しくなり、5月に入ると鳴動があり、噴煙の量も増し24日2回の爆発となりました。

噴火当時、火口付近で操業中だった硫黄鉱山の職員25名が犠牲になったほか、山麓の上富良野村と畠山温泉では泥流により死者119名、被災戸数482戸の被害となりました。

4　雲仙普賢岳噴火[3]

1990（平成2）年11月17日、長崎県島原半島の雲仙普賢岳が198年ぶりに九十九島火口、地獄跡火口から噴火しました。

1991（平成3）年2月12日、再び噴火が始まり、5月15日には水無川で土石流が発生、5月20日には溶岩ドームが出現、5月26日、6月3日には火砕流により死傷者、行方不明者が発生しました。

火砕流によって、死者41名、行方不明者3名、負傷者10名、家屋全壊・一部損壊271戸の被害が出ました（1991年5月26日〜1993年6月24日）。また、土石流などによって、負傷者1名、家屋全壊・半壊・一部損壊581戸も生じました（1991年6月30日〜1993年8月20日）。

1995（平成7）年5月、火山噴火予知連絡会は噴火活動停止を発表しました。

5　御嶽山噴火[17]

2014（平成26）年9月27日11時52分に発生、1979年噴火の火口列の南西250〜300ｍに火口が移動、噴火様式は水蒸気爆発です。

噴火規模は、他の火山噴火の場合と比較して大きくありませんでした。火山灰噴出量も、1991年の雲仙普賢岳噴火の400分の1でした。しかし、御嶽山の場合は噴火警戒レベル1（平常）の段階で噴火したため、死者58名（主として登山者）と大きな人的被害となりました。

2-5　その他の災害

前節までに、明治以降にわが国で起きた自然災害（地震災害、水災害、火災害、火山災害）について紹介しましたが、近年、世界に目を向けると人為災害（自然

災害との複合を含む）ともいうべき災害が多く発生しています。

例として、2001年9月11日ニューヨーク市で起きたワールドトレードセンタービル破壊事件をはじめとする多くのテロ災害、1987年11月18日ロンドン地下鉄火災事故などの鉄道災害、1986年4月26日チェルノブイリ原発事故（レベル7）などの産業施設災害が挙げられます。これらの被害状況、対応などについては専門書に譲ることにし、ここでは、わが国で起きた同種の災害、オウム真理教地下鉄サリン事件、JR福知山線脱線事故、福島第一原発事故について概要を記します。

1　地下鉄サリン事件

1995（平成7）年3月20日午前8時頃発生した、オウム真理教信者による地下鉄駅構内毒物使用無差別テロ事件です。営団地下鉄丸ノ内線、日比谷線で各2編成、千代田線で1編成の計5編成の地下鉄車内で神経ガス・サリンが散布されました。

死者（乗客・駅員）13人（当日死亡8人、後日死亡5人）、重症者2,470人（当日重症者2,475人中5人が死亡）の被害となりました。

警視庁は事件2日後の3月22日、オウム真理教に対する強制捜査を実施し、事件への関与が判明した5月16日、教団教祖を逮捕、地下鉄サリン事件での逮捕者は40人近くに及びました。サリン等による人身被害の防止に関する法律が制定される運びとなりました。また、この事件を機に、「不審物、不審者を発見した場合はすぐに駅係員、乗務員に知らせてください」という駅構内または車内でのアナウンスやチラシの掲示が常態となりました。

2　JR福知山線脱線事故

2005（平成17）年4月25日午前9時18分頃、JR西日本福知山線塚口駅－尼崎駅間で発生した鉄道事故。右カーブ区間（曲率300m）で7輛編成の前5輛が脱線し、先頭の2輛が線路脇の分譲マンションに激突しました。ブレーキ操作が遅れたのが原因で、曲率半径300mのカーブに時速約116km/hで進入し、1輛目が外に転倒するように脱線、続いて後続車輛も脱線しました（航空・鉄道事故調査委員会認定）。

死亡者107名、負傷者562名の被害となりました。そのほか、マンションには47世帯が居住しており、倒壊の恐れから近くのホテルに避難しました。

事故後の対応として、曲率半径300km区間の制限速度が70km/hから60km/hに変更されたほか、カーブ手前の直線部分の制限速度120km/hが95km/hに変更されました。また、日勤教育のあり方など、JR西日本の経営思想についても見直されました。

3　福島第一原発事故

2011（平成23）年3月11日、東北地方太平洋沖地震と津波により、東京電力福島第一原発が被災し、「冷やす」、「閉じ込める」機能が失われ、炉心溶融に至りました。事故レベルとして、国際原子力事象評価尺度で最高レベルの7と評価されています。

3月12日に福島第一原発の半径20km以内に避難指示が出され、4月21日に警戒区域が設定、4月22日に計画的避難区域が設定されました。

避難者は、避難指示区域にとどまらず、多くの自主避難者を生みました。2011年11月時点の避難者数は、福島県全体で約15.1万人、避難指示区域約10.1万人、その他5.0万人となっています（文部科学省原子力損害賠償審査会）。

東日本大震災時は54基の原発が運転もしくは定検中でした。想定を上回る地震・津波であったとはいえ、原発の安全審査そのものにも問題があったとして、東日本大震災以降、定検終了後の原発の運転再開を認めず、安全評価などを課してハードルを高くし、原子力安全・保安院の審査に加え、原子力安全委員会が妥当とする仕組みとし、地元自治体の同意を得た後に再稼働になるとしました。

原子力発電を推進する「資源エネルギー庁」と規制する「原子力安全・保安院」が同じ経済産業省のなかにあることが見直されました。

環境省に新たに外局を設け、原子力規制に関わる原子力安全・保安院と、内閣府原子力安全委員会など、原子炉施設などの規制・監視に関わる部署をまとめて移管することが検討されました。2012（平成24）年6月、環境省の外局として原子力規制委員会、同委員会の事務局として原子力規制庁を設置することになりました。

防災基本計画と原子力災害対策指針を受けて、各自治体における地域防災計画の策定が規定されました。地域防災計画のなかには、原発PAZ（予防防護措置区域：原発から半径5キロ）、UPZ（緊急防護措置区域：原発から半径30キロ）の設定に基づく原発災害広域避難計画の作成があります。
　また、原子力発電に大きく依存したエネルギー政策を見直さなければならなくなり、政府は2011年6月、エネルギー・環境会議を設け、同年7月には原発依存度を低減するという基本理念を決定しました。

参考文献・引用文献

1) 内閣府「災害教訓の継承に関する専門調査会」第1期報告書
2) 藤井陽一郎「震災予防調査会」
3) 内閣府「災害教訓の継承に関する専門調査会」第2期報告書
4) 「内藤多仲先生のご生誕百年を記念して」
5) 内閣府「災害教訓の継承に関する専門調査会」第4期報告書
6) 国立防災科学技術センター「新潟地震の概要」
7) 気象庁「技術報告第68号/1968年十勝沖地震調査報告」
8) 青森県防災ホームページ　http://www.bousai.pref.aomori.jp/
9) 池田昭男「十勝沖地震による鉄筋コンクリート造建物の被害状況」『コンクリートジャーナル』Vol.6、No.7、1968年、pp.33-36
10) 建設省建築研究所「平成7年兵庫県南部地震被害調査最終報告書」
11) 日本建築学会『阪神・淡路大震災調査報告　建築編』
12) 消防庁「災害情報・熊本県熊本地方を震源とする地震」
13) 北原糸子・松浦律子・木村玲欧編『日本歴史災害事典』吉川弘文館、2012年
14) 内閣府「災害教訓の継承に関する専門調査会」第3期報告書
15) 日本建築学会編『近代日本建築学発展史』1972年
16) 防災システム研究所「新宿歌舞伎町ビル火災、ビル火災の教訓」
17) 消防庁「御嶽山の火山活動に係る被害状況等について」

3章

超高層建築の安全対策

3-1 超高層建築はどのようにしてできたか

　超高層建築が実現するまでには、その国において、歴史的にどの程度超高層建築を必要とする環境があったか、超高層建築を設計し建設する技術が培われていたか、という土台が必要です。本節では、超高層建築をめぐる社会的環境・需要と、それを実現する技術の開発という2つの面から、どのようにして超高層建築ができたかを述べます。

1　超高層建築をめぐる社会的環境・需要

　超高層建築ができるには、超高層といわれるだけの高さをつくる環境が必要です。この点について、従来日本では建物の高さに関して制限がありました。
　まず、1919（大正8）年の市街地建築物法は建物の高さとして、住居地域は20m、それ以外の地域は31mまでと定めていました。
　1950（昭和25）年に制定された建築基準法では、技術的基準はかなり整備されましたが、建物の高さに関しては市街地建築物法で定められた20m、31mの制限が踏襲されたため、それ以上の高さの建物は特例を除いてほとんど建ちませんでした。1950年というと終戦直後の復興期であり、建物も中高層以下のものがほとんどでしたので、これで十分だったものと思われます。
　昭和30年代に入ると、特需景気から本格的な高度成長期を迎えます。1955（昭和30）年から1970（昭和45）年にかけての高度成長期は、オフィスビル需要の増大を背景とする高さ制限撤廃の動きが進展した時期と重なります。20m、31mの高さ制限は、大規模なオフィスビル供給の障害になっていました。31mの高さ制限の範囲内で床面積を可能な限り確保しようとした結果、階高の無理な圧縮、平面効率の低下、空地の減少、駐車場不足による交通混雑などの問題が生じはじめていました。
　このような背景から、高さ制限の見直しの機運が高まり、容積率導入の検討がはじまります。まず1955年、日本建築学会の高層化研究委員会が高層化の可能性を検討し、「一般の市街地では建築物の高層化を図って土地を高度に利用し、またそれと関連して建築物の不燃化や共同化によって高層化を図ること、逆に都心部では公共空地や都市の機能を確保するために建築物の高さ、

形態などを規制することは、今日の大都市における都市計画上の大きな課題になっている」として容積率制導入を提言するとともに、高さ20階程度の建築物が技術的にも可能であるとしました。

1962（昭和37）年には、建設省が建築学会に高さ制限のあり方について諮問します。これを受けて建築学会が答申を行い、その後1963（昭和38）年、建築基準法の改正により、容積地区制度が創設され、環状6号線以内の地域が容積制へ移行します。さらに1970年の建築基準法改正により、用途地域における高さ制限は撤廃され、容積制へ完全に移行しました。

このようにして、超高層建築の社会的ニーズに対し、法制度が整ってきました。

2　超高層建築を実現する技術の開発

わが国において超高層建築が建設できるようになるまでには、1900年代に入ってからの目覚しい研究開発がありました。

主体構造に関する研究、地震国日本にあっての構造設計法の研究など、20世紀前半はほぼ剛構造としての研究が支配的でしたが、地震に関する知見が増していくにしたがって、20世紀後半には超高層建築（柔構造）への準備がなされてきました。歴史を追ってその時々の方針策定に寄与した研究、法整備などを概説します。

市街地建築物法改正と震度法

1919（大正8）年、建築基準法の前身である市街地建築物法が制定されました。当初、地震荷重は定められていませんでしたが、関東大震災後の1924（大正13）年に地震荷重が取り入れられました。すなわち、佐野利器東京大学教授の提案により、建物には地震により水平力 $F=$ 建物重量 W × 震度 K が作用すると考え、震度 $K=0.1$ で建物の設計を行うことになりました。これが、震度法として日本で地震力を数値でカウントすることになったはじまりです。法令の規定として地震力が定められたのは、世界で初めてのことでした。

関東大震災後、剛構造へ

　1923（大正12）年の関東大震災前には、すでに高さ100尺（31m）の建物が多く建ち上がっていました。これらの多くは地震により何らかの被害を受けましたが、このなかにあって無被害だったのが、内藤多仲博士の設計による日本興業銀行でした。この建物は鉄骨鉄筋コンクリート造耐震壁つきラーメン構造で、1922（大正11）年に著された「架構建築耐震構造論」とともに、以後の日本における中高層建築構造設計の主流となりました。

　それ以降、1960年代の超高層建築登場に至るまでの耐震構造は、耐震壁またはブレースなどの耐震要素で水平方向に補強されたラーメン構造でした。これらの構造は地震荷重に対して剛性・耐力を上げて抵抗することから、「剛構造」とも呼ばれています。

剛柔論争

　ただ、この剛構造の考え方がすべてではありませんでした。関東大地震の後から昭和初期にかけて、剛柔論争という論争がありました。

　柔構造論を唱えた真島健三郎（海軍省建築局長）は、地震周期よりも長い固有周期をもつ柔らかい構造物（鉄筋コンクリートより鉄骨、剛より柔）をつくることにより、地震に備えることを提案しました。

　一方、剛構造論を唱えた佐野利器博士、武藤清博士らは、関東大地震時の被害の実態をふまえ、また当時31mを超えるような建物がなかったことから、周期1秒を超えるように設計することが現実的でないこともあり、耐震性のうえで最も経済的で、かつ、優れているものとして、鉄骨を鉄筋コンクリートで被覆したいわゆるSRCであれば万全だと主張しました。

　しかしながら、当時は、地震動ないし地震時の建物挙動に関しては計りがたい未知な状態にあったことも共通認識であり、また戦時に向かっていた折でもあり、剛柔論争の決着はつきませんでした。

日本建築規格3001「建築物の構造計算」から建築基準法へ

　1947（昭和22）年、日本建築学会は日本建築規格建築3001「建築物の構造計算」を制定しました。武藤清委員長が中心にまとめたもので、地震力の震度

を0.2、許容応力度を長期、短期の二本立てとするものでした。これがほとんどそのまま1950 (昭和25) 年公布の建築基準法にも取り入れられ、戦後の復興期から高度経済成長期に建てられた建築物の法的なよりどころとなりました (図3-1)。

しかし1950年の建築基準法制定後も、1920年の市街地建築物法で定められた20m、31mの高さ制限は踏襲されたために、それ以上の高さの建物は特例を除いて建ちませんでした。

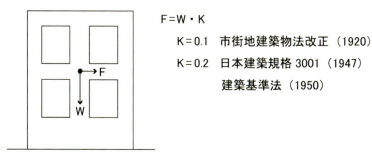

図3-1　震度法の図解

建物地震応答解析

社会的需要や背景だけでは、当然のことながら超高層建築は実現しません。技術的な裏づけがあってはじめて実現の可能性が生まれます。

アメリカでは、1940年代から時刻歴応答解析用の地震動波形が記録されていました。日本でも1950年代からこの記録波形を入手し、アナログコンピューターによる地震動波形を用いた建物応答解析の研究がはじまっていました。

1959 (昭和34) 年に、東京駅丸の内駅舎を対象とする24階建てへの建替案について、武藤清委員長を中心とする研究委員会がアナログ式コンピューターを用いた地震応答解析による、構造技術面での検討を行いました。

また、1961 (昭和36) 年にも武藤清委員長のもとで、強震応答解析委員会が具体的な検討を実施し、この結果が1962 (昭和37) 年に「適正設計震度の研究」として答申され、従来の剛構造から柔構造を導入することで、超高層建築が実現可能であることを明らかにしました。

「高層建築技術指針」・設計審査

　容積地区制を中心とする建築基準法改正の公布（1963年7月）、これにともなう政令の告示（1964年1月）に関連して高層建築技術指針が作成されています。このなかの「Ⅲ.構造設計」では、適用範囲を「地上高さがおおむね45メートルを超える通常の高層建築物の構造設計を対象とする」とし、「3.耐震計算」の項で

　「A. 設計用ベースシヤー係数C_Bを仮定する。C_Bは建物の1次固有周期の増大に伴って双曲線的に減少する値をとるものとし、C_Bの下限は0.05とする。 $C_B=0.18/T～0.36/T$　T:1次固有周期（秒）。B.各層に対する設計用層せん弾力係数の分布を定める。C.断面および接合部の設計を行い、この構造についてその剛性および降伏時の強度、変形ならびに降伏後の性状を評価する。要すれば、適当な実験によってこれを確かめることが望ましい。D.動的解析を行い地震に対する種々の応答量を計算し、これを検討する。要すれば修正を行い適正な設計とする。」

としています（図3-2）。

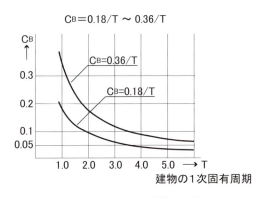

図3-2　設計用ベースシヤー係数C_B図

　建物の固有周期や地盤の周期特性によって建物の1階に入ってくる地震力（加速度）が異なることに着目された設計法で、かつ、動的解析を行って安全性を検討することで、従来の震度法による設計とはかなり異なる設計法が指針として示されていました。なお、この時点では採用地震動、建物の減衰、建

物のモデル化などで十分に解明されていない問題も多くあったことから、設計者には解析結果の判断に慎重さが求められている指針でもありました。

このように、超高層建築の構造設計はこれまでの建築基準法による確認では扱っていない設計法だったため、実際の設計に際しては、建設省内に設置されていた高層建築物構造審査委員会で審査が行われました。

その後1965（昭和40）年、日本建築センターが創設され、そこに設置された高層建築物構造審査会（建設大臣の諮問機関）で審議が行われるようになりました（表3-1）。評定の対象になる建物の高さは当初45m以上でしたが、1981（昭和56）年に改訂されて現在は60m以上になっています。

表3-1　確認手続き

一般建築物	行政主事確認
超高層建築	高層建築物構造審査会（評定）

動的応答解析のその後

動的応答解析技術が日本で行われるようになってから、すでに半世紀に近い年月が経っています。この間、地震に関する知見の増加、建築材料の進歩、解析手法の進展などがあって、現在は半世紀前のものより、かなり正鵠を得た、より安全な解析法が使われるようになっています。したがって、これらの知見をもとにして設計・建設されてきた超高層建築は、同じ超高層建築という言葉で表現されても、年代が改まるにしたがってより安全度の高い建物になったといえるでしょう。

設計用地震動の変遷

動的解析が義務づけられた初期の超高層建築に対しては、入力地震動は加速度レベルで設定されていました。確たる決まりではありませんでしたが、弾性設計用としては200〜300ガル、断塑性設計用としてはおおよそ300〜500ガル程度が適用されていました。当初は強震記録としてエルセントロNS、タフトEWなどが使われていましたが、順次、TOKYO101（1956年、江戸川下流域）、OSAKA205（1963年、越前岬沖）、八戸（1968年、十勝沖）、仙台（1978年、宮城県沖）なども地域特性を表すものとして使われはじめました。

その後、地震入力を考えるには、超高層建築のような固有周期が長い建築物に関しては、加速度振幅レベルより速度振幅レベルの方が影響が大きいとして、1986（昭和61）年に審査機関である日本建築センターより、設計地震動は原則として最大速度値で基準化し、レベル1、レベル2に対し、それぞれ25カイン、50カインという標準的な速度振幅レベルが示され、その振幅で規準化した観測記録が入力地震動として広く用いられるようになりました（なお、標準的に使われるべき波形として、1940年エルセントロNS、1952年タフトEW、1968年十勝沖地震時の八戸港湾で観測された強震記録の計3波があげられました）。

　さらに、1990年代に入ると、これまでの特定の波では個々の建設サイトの表層地盤の影響が必ずしも考慮されていないことが問題視されはじめ、建設省建築研究所と日本建築センターの共同研究により、建設サイトを考慮した地震応答解析に用いる入力地震動の評価法が検討され、その成果が1994（平成6）年「設計用入力地震動作成手法技術指針（案）」（センター指針）として提案されました。この指針はいわゆるサイト波の作成手法で、工学的基盤（せん断速度400m/s程度の地盤面）上のいわゆるセンター波（BCJ-L2波）を用いて、それぞれの建設地における工学的地盤以浅の表層地盤による増幅特性を考慮して、入力地震動を設定するものでした。

　2001（平成13）年には国交省告示1461号が出されました。ここに示されているいわゆる告示波は、工学的基盤における加速度応答スペクトルに適合する模擬地震動時刻歴で、その継続時間が60秒以上あることが要求されています。

　このように、動的応答解析技術は超高層建築の設計に際してなくてはならないものですが、地震に関する知見が新たに増えて行くなかで、建物の安全性を保つために順次改良されています。

3-2　超高層建築の構造体

1　超高層建築の構造体にはどのようなものがあるか

　超高層建築に用いられている主体構造には、一般的には、鉄骨造、鉄骨鉄筋コンクリート造、鉄筋コンクリート造があります。超高層建築にはいろいろな用途、規模、形状のものがありますから、上記のほかにも、各構造体の

長所を組み合わせた混構造、今後開発されるかもしれない構造体などが考えられますが、今のところはおおよそ上記の3種類で代表することができます。

　建物は強度と変形能で地震力に対処します。強度主体の考え方のもとでつくられた構造を剛構造、変形能と強度をあわせもつ構造を柔構造と称しています。超高層建築は建物を柔らかくして地震力を受け流そうとしていますから、ほとんどの場合、柔構造として設計されます。柔構造としてふさわしい構造は、建物として軽量であること、強度があること、靱性（脆性破壊に対する抵抗の程度。粘り強さ）があること、などです。

　鉄骨造は、建物として軽く、強度があり、靱性にも富みます。主材の寸法が小さくて済み、大空間や超超高層にも適します。ただ、ほかの構造と比較して価格がやや高めでした。

　鉄筋コンクリート造は、建設コストが低いという利点がありますが、同じ強度に対して部材寸法が大きくなりがちで、建物としての重量も大きくなりがちであること、脆性破壊しやすく、大空間に対応しがたいという難点があります。中低層には適していても、高層、超高層には不向きと考えられていました。

　鉄骨鉄筋コンクリート造は、鉄骨造、鉄筋コンクリート造の長所をある程度兼ね備えたものでした。建物としての重量はやむを得ないものがありましたが、強度、靱性は保つことができました。超高層時代に入るまでは、中高層建築を担うものとして馴れ親しんできた構造でした。

　用途からしても、超高層建築がつくられはじめた1960年代から1970年代は、超高層建築の用途は比較的大きな空間からなる事務所建築だろうという認識がありましたから、その意味でも比較的大空間に適する鉄骨造、鉄骨鉄筋コンクリート造が選ばれたものと思われます。（以上、表3-2）

　鉄筋コンクリート造は12〜13階建てまでは1960年代にもありましたが、超高層建築の分野でも現れはじめたのは1970年代に入ってからです。

　RC造超高層住宅の先駆けとして、1974（昭和49）年、椎名町アパート（18階、47.7m）が建設されました。住居空間ではスパンや階高がオフィス空間に比較して小さくて済む点に着目し、靱性も期待できるように工夫されたRC造ラーメン構造でした。

表3-2 鉄骨造、鉄骨鉄筋コンクリート造、鉄筋コンクリート造の特徴

	鉄骨造	鉄骨鉄筋コンクリート造	鉄筋コンクリート造
重量	軽い	やや重い	重い
強度	大	かなり大	圧縮に大
変形能	大	比較的大	小
空間	広い	比較的広い	小空間
高さ	超超高層も可能	超高層まで	超高層まで
経済性	比較的高い	中間	比較的廉い

　超高層建築の増大は構造材料の強度増加に起因するところが少なくありませんが、特にコンクリートに関しては1960年代に比較して現在では4～5倍以上の強度のものが使われるようになりました。この強度増と価格が比較的安いこともあって、1980年代以降は鉄筋コンクリート造の超高層建築が激増しています。

　なお、高層住宅でのRC造の増加は、強度ばかりでなく、鉄筋コンクリート造でありながら靱性に富む配筋、管理しやすい施工方法が開発・考案された結果によるものでした。

2　超高層建築を可能にした材料の変遷はどのようになされたか

　時代を追って、どの構造体でも超高層建築に適う材料強度の増進、靱性を増すための工夫がなされてきています。しかしながら、1980年代以降に急増してきた鉄筋コンクリート造に関しては、その急増の仕方に目覚しいものがあります。ここでは、超高層建築を可能にした材料のなかでも鉄筋コンクリート造に絞って解説します。

　現在建てられている超高層建築の構造体は、用途が変わってきたこともありますが、鉄骨造とRC造が主体になっており、超高層建築の初期の頃とは大

きく様変わりしています。

　1972年に構造評定を取得した椎名町アパートは、18階建ての純RC造高層アパートでした。RC造でありながら、靱性のある配筋詳細を開発し、これに比較的高強度のコンクリート（Fc=300kg/cm²）を用いて成立させていました。当時一般のRC建築物で使われていたコンクリートはFc=180kg/cm²～240kg/cm²程度であり、PSコンクリートでは300～400kg/cm²も使われていました。したがって、コンクリート強度が高くなったこと自体はそれほどの驚きではありませんでしたが、柱支配面積の比較的小さい高層住宅建築（柱本数が多い）に適用して、安全性上、工期上、ひいては経済性上成立せしめたのは、日本における超高層建築の歴史上、1つのエポックメーキングな出来事でした。

　コンクリートそのものの強度、耐久性の増加にあたっては、1960～1970年の混和剤開発が大きく寄与しているものと思われます。さらに、1984（昭和59）年には（財）日本建築センターに高層鉄筋コンクリート造技術検討委員会が設置されました。ここでの技術検討をもとに、RC造超高層建物の材料、工法などの開発が急速に進展しました。当時はすでにFc=42N/mm²程度のコンクリートと、SD390までの主筋を組み合わせた30階前後の純ラーメン構造が一般的となっていました。

　1988（昭和63）年以降の建設省の総合技術開発プロジェクト「鉄筋コンクリート造建築物の超軽量・超高層化技術の開発」（略称New RC）では、Fc=60N/mm²以下、鉄筋はUSD685以下の領域を中心に、RC構造の適用範囲を拡大するための材料、構造、施工の各技術が確立されました。この時点では40階を超えるRC造高層住宅も建設されました。New RCの成果は1997（平成9）年のJASS5の改定、1999（平成11）年のRC規準の改定にも盛り込まれました。

コンクリート強度の変遷

　実際に建てられる鉄筋コンクリート造の建物は、特別認定のものを除いては、鉄筋コンクリート構造計算規準とJASS5に準拠して建てられます。したがって、ここで扱っているコンクリート強度の変遷を調べれば、その規準が使われていた時代の建物のコンクリート強度の概略を知ることができます。

　鉄筋コンクリート構造計算規準は、1932（昭和7）年に制定されています。こ

の時点でコンクリートの許容応力度は、応圧力度(圧縮応力度)は応圧強度の1/3にして70kg/cm²以下とあります。すなわち、4週圧縮強度Fc＜210kg/cm²が扱っている範囲になっています。

以下に、改定されている年次(最大強度が変わっている年次について)と扱っているコンクリート強度範囲について示します。

椎名町アパートが建設されて40年しか経っていませんが、これにはじまったRC超高層の波、これを可能にした高強度コンクリートの開発の速度は驚異的でした。たかだか圧縮強度300kg/cm²であったものが、150N/mm²、200N/mm²にまで達したのです。鉄筋コンクリート造計算規準ができてからの約40年間で1.5倍、その後の40年間で約5～6倍もの強度の増加があったことになります(表3-3)。

表3-3 コンクリート強度範囲

年次		強度
1935	建築工事標準仕様書	100～210kg/cm²
1959	鉄筋コンクリート構造計算規準	135～225kg/cm²
1971	鉄筋コンクリート構造計算規準	135～270kg/cm²
1975	高強度コンクリート設計指針	135～360kg/cm²
1976	高強度コンクリート施工指針	400kg/cm²
1988	N.R.C	150kg/cm²～60N/mm²
1997	建築工事標準仕様書	180kg/cm²～60N/mm²
2005	高強度コンクリート施工指針	120N/mm²
2013	高強度コンクリート施工指針	120N/mm²、施工例に200N/mm²

これだけ急ピッチで開発されると、強度は出ても、その他の安全性に関する事項は解決されているのだろうかと一瞬不安になりますが、これはどうやら杞憂に終わりそうです。日本建築学会で発表された高強度コンクリートに関する論文が1980年代以降急速に増え、2007(平成19)年までに1940編にも達しました。このなかで、収縮、クリープ、耐火性、中性化、材料、柱・梁接合部、靭性、施工、品質管理など、懸念材料になる事項はさまざまに検討され、問題がなくなっているか、その解決策が開発されて報告されています。

かくして2015年現在、実施例として200N/mm²のコンクリートを使用した

建物が数例挙がっています。主に軸力の極めて大きくなる超高層建築の下層階柱の一部柱に使われ、現場打ち、PC柱の両方に使われています。

3　超高層建築と地盤

関東大地震時の山の手と下町の被害状況

　関東大地震の時、東京の山の手と下町では建築物被害の程度がかなり異なっていました。山の手ではさほどでもなかったのが、下町では木造家屋のほとんどが倒壊し、大被害になりました。この現象は、1つには、下町の地盤が軟弱地盤で固有振動数が低く、それが固有振動数の低い木造家屋の揺れを増幅したということ、また1つには、地表の地震加速度が軟弱地盤で増幅されて山の手の地表加速度よりも大きくなったということで説明されてきました。

現在の地盤種別と地表の加速度倍率

　現在の知見からしても、山の手は1種地盤のことが多く、下町は2種、3種地盤が多いとされています。1種地盤とは（4紀地盤厚×2＋3紀地盤厚）が10m以下の地盤、3種地盤とは4紀地盤厚が25m以上の地盤のことをいいます。2種地盤は1種と3種の中間です。

　振動特性係数（地盤種別をパラメーターにして建築物の周期と地震動の増幅との関係を示すもの）は建築物の周期にもよりますが、1種地盤を1.0とすると、3種地盤ではおおよそ1.5〜2.0になります。この関係からも、山の手の地盤の地表加速度よりも下町の地盤の地表加速度が1.5〜2.0倍程度大きかったことが推測されます。ちなみに、筆者が関与した大手町に建つ某建物で、2011（平成23）年3月11日の東北大地震時に観測した地震計の加速度記録から、GL-25mの地下5階が72ガルだったのに対し、地上（屋外）では258ガル、1階（屋内）では111ガルでした。約25mの沖積層の間で、地中では3.5倍、建家内では1.5倍の増幅があったことになります。地中での増幅／屋内での増幅は約2.3倍でした。

　この地表地盤での増幅については、一般的な建築物に作用する地震力についていえることですが、超高層建築でもほぼ同様なことがいえます。

超高層建築の場合の特異点

　超高層建築は一般建築物に比べて建物重量が格段に大きく、この荷重は硬質地盤で支持される必要があります。実際、多くの超高層建築は硬質の地盤まで基礎底を下ろし、建物荷重を直接硬質地盤に支持させています。2種、3種のように硬質地盤までの深さが深い場合には、建物基礎と硬質地盤の間に杭を介在させていることもありますが、これでも建物荷重という鉛直荷重を支持することは十分に可能です。

　もう1つの特異点は、一般建築物の場合と同様に、超高層建築でも表層地盤での地震入力の増幅の影響を受けるということです。硬質地盤までの深さが20〜30m程度まではなんとかこの地盤まで建物の地下部を設けることが可能でしょうが、それより深くなってくると杭で鉛直荷重を支持するケースが多くなってきます。杭には一般に貫通地盤（軟弱地盤であっても）ほどの水平剛性が見込めませんから、この杭の長さが長いほど地盤による増幅の影響が大きく出てくることは避けられません。現在建っている超高層建築はすべて特別の審査を経てできていますから、どの建物もある解析・計算ルールに則って建てられており、相応の対策は講じられているはずですが、杭が長くなるほど地震入力増幅の影響を受けることは否めません。超高層建築は一般建築にくらべて支持する荷重が格段に大きいですから、表層地盤での入力増幅は建物の安全性に大きな影響を与えます。

　東京湾には先史時代からいくつかの川が台地を削って流れ込んでいました。今ではその流域のほとんどが砂泥で堆積したり、埋め立てられたりして軟弱地盤（2種ないし3種）化しています。深いところでは硬質地盤まで30〜40mもあるところがあります。

　また江戸時代以降、東京湾が遠浅だったこともあって、ゴミの埋設地として、浚渫土砂の廃棄埋立地として、あるいは近代的港湾建設のための用地、都市開発用地として多くの島が造成されてきました。こうした造成地の地盤は必ずしも均一ではなく、洪積層（硬質地盤）までの深さは地表から20m程度のところから、地表から40〜50mに及ぶところもあります。
現在、硬質地盤上に建っているとはいいながら、このような支持地盤までの深さが深い場所にも超高層建築が増えてきました。多くは硬質地盤まで基

礎を下ろしていると思われますが、やむをえず杭基礎で計画しなければならない場合でも、応分な対策を講ずるなど細心な注意が必要になります。

4　超高層建築の不具合の実例

　超高層建築を設計し、建設する技術は、これまでの研究、知見により確立しています。それでも、時として予想だにしなかった不具合が生じるケースがあります。これは、設計も含めた建設技術がすべて機械的に正確に行われるわけではなく、設計、施工、監理のすべての工程にわたって人間の判断、管理が必要不可欠になるためです。人間の判断、管理が100%安全側に行われることを前提に超高層建築は建設されますが、100%機能しないことも起こりうるのです。

　人間が関与するものとして、管理、監理の問題があります。超高層建築では、むずかしい技術を多用します。難しければ難しいほどこの技術は完全に行われなければなりません。不具合がマスコミに指摘されたものだけを取り出しても、以下のような事例があります。

- 2007（平成19）年、建設中の千葉の地上45階建てマンションで、設計上必要な鉄筋128本が不足しているミスがみつかりました。これは、住宅性能表示制度を利用することでみつかったとされます。施工者、設計監理者のダブルチェックがあったはずなのに、見落としが生じていたのです。設計者、施工者ともに一流の業者でした。結局、打設済みの鉄筋コンクリート柱に鉄筋を追加する補修工事で認定を取り直し、竣工しています。
- 2014（平成26）年、川崎で建設中の地上47階建ての超高層住宅で、PC工法を採用した4階の柱と柱の接合部に充填剤を注入しないまま、これより上部（5、6、7階）の施工が進められていました。この接合部に荷重がかかってきたときにこの接合部がクラッシュし柱が短縮し、上部柱―はりの接合部に亀裂を生じました。ほんのちょっとした施工、監理の見落としでこの結果を生じました。この建設工事の設計監理者、施工者もともに一流の設計者、施工者でした。なお、同様な事例が2008年大阪の50階建て高層マンションでも生じていました。

　マスコミで取り上げられているのは、不具合がみつかった一部の超高層建

築だけです。

　日本の建築は、常時の荷重（応力）に耐えることはもちろん、地震時に応力が大きくなっても耐えられるように設計されます。また、地震時に生じる応力は常時の応力（荷重）よりもかなり大きくなるのが一般的です。事例としてあげたものは、常時荷重の状態で不具合が発見されました。これが見逃されて、応力の大きくなった地震時に発見されたのではもう遅いのです。大惨事となる崩壊の危険性さえあります。

　設計・施工技術が発展し、超高層建築が普及するのは結構なことですが、以上述べたような不具合が決して生じないような態勢が絶対不可欠です。関係者はもちろん十分に留意しているはずですが、念には念をいれたシステムが必要です。

3-3　超高層建築の普及実態はどうなっているか
1　超高層建築の高さ

　超高層建築は、ある高さを超える建物であることは間違いありませんが、超高層建築の高さの定義に関しては統一された明確な基準はありません。ただ、日本では建築基準法20条1号で、高さが60mを超える建築物に対してそれ以下のものと異なる構造の基準を設定しているため、高さ60m以上の建築物が超高層建築と呼ばれることがあります。一方、日本最初の超高層建築とされるのは、霞ヶ関ビルディング（36階、地上147m）です。それ以前に最も高い建築物であったホテルニューオータニ（17階、73m）は超高層建築とは呼ばれていませんでした。以上から推して、100mを超す建物を超高層建築と呼ぶのが妥当と思われます。

　なお、もう少し年代を遡ると、日本建築学会から1964（昭和39）年に出された高層技術指針には、「超高層建築（31mを越える建物を仮称する）」という文言がまえがきにでてきます。また、同じく1964年の高さ31m制限撤廃時には、「軒高45m以上の鉄骨鉄筋コンクリート造及び31m以上を越える鉄骨造は建設大臣の特認を受けることが必要」とされています。これらからすると、1964〜1968年頃に建てられた100m以下の建物を超高層建築と呼称しても必ずしも間

違いとは言い切れません。

　以下に解説する超高層建築のデータは、データを収録した機関により、収録した高さの下限が45m、60m、100mとまちまちになっています。したがって、高さの下限にこだわることなく、超高層建築がどのように普及していったかという概略を把握するための資料としてお読みください。

2　超高層建築(全般)の普及実態

　1960年代にはじまった高度成長期は、オフィスビルの需要増大にもつながっていきました。1962（昭和37）年に建設省が日本建築学会に高さ制限のあり方について諮問し、1963（昭和38）年には建築基準法の改正により容積地区制度が創設されました。1970（昭和45）年には建築基準法の改正により、用途地域における絶対高さ制限が撤廃され、容積制へ完全に移行しました。これで超高層建築への社会的ニーズが法的に整備されました。

　また、高層建築物を設計する技術も、地震応答解析技術の研究がおおよそ1950年代からはじまり、1963年の高層建築技術指針、1965（昭和40）年の高層建築物構造審査会の設置を経て、超高層建築の設計技術として整備されていきます。

　高層建築技術指針が出る頃（1963年）には、計画がはじまっていた高層建築もいくつかありました。1964（昭和39）年の東京オリンピックを目指して着工されたホテルニューオオタニ（73m）や、横浜ドリームランド（68m）などです。1967（昭和42）年6月までには、高層建築として構造審査を合格したものが29棟にも上がっていました。1968（昭和43）年には、高さ100mを超すいわゆる超高層建築第1号ともいわれる霞ヶ関ビルが竣工し、9番目に審査を受けています。この建物は構造形態といい、設計手法といい、しばらくは日本の超高層建築のお手本的存在になりました。

東京都内年代順最高高さ建物

　超高層建築が出現してからの東京のスカイラインは、年代順に表3-4に示す建築で記録されています。なお、最高高さに順ずるものとして、NTTドコモ代々木ビル（1997年。239m、アンテナ272m）、六本木ヒルズ森タワー（2003年。238m）

表3-4 東京都内年代順最高高さ建物

施工年	建物名称	最高部高さ
1964	ホテルニューオータニ	72.09m
1968	霞ヶ関ビル	156m
1970	世界貿易センタービル	162.59m
1971	京王プラザホテル本館	178m
1974	新宿住友ビル	210.3m
1974	新宿三井ビルディング	223.6m
1978	サンシャイン60	239.7m
1991	東京都庁第1本庁舎	243.4m
2007	東京ミッドタウンタワー	248.1m
2014	虎ノ門ヒルズ	255.5m

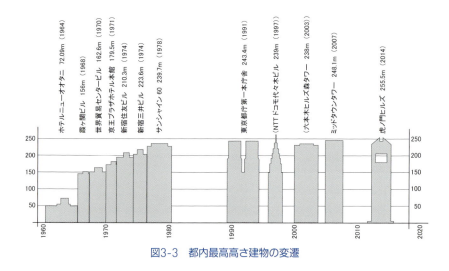

図3-3 都内最高高さ建物の変遷

があります（図3-3）。

各年毎の超高層建築建設棟数（概数）

図3-4に、東京都内における各年毎の高さ60m以上の超高層建築建設棟数および累計棟数を、調査機関『BLUE STYLE COM』のデータによって示します[1]。なお、原則として建設年が対象になっていますが、審査機関の異なる建物の集計漏れなど（ある時期の高層RCなど）もあり、概数としてご覧ください。なお

この図は60m以上を対象にしていますが、45〜60mを含めると累計で100〜200棟の増棟が推定されます。

参考までに、全国での超高層建築建設棟数は東京都内の棟数の約2倍（東京都内とその他地域でほぼ同数）になっています。

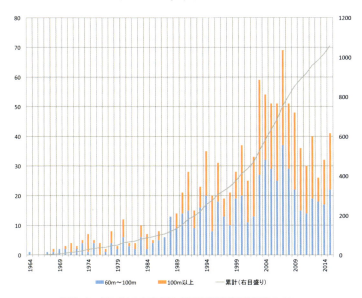

図3-4　各年毎の東京都内超高層建築建設棟数（概数）

棟数は、1964〜1987年は各年漸増して1〜2棟から7〜10棟、1988年から増加、1990〜1998年は各年ほぼ20〜30棟、ピーク時の1994年は32棟、1999〜2010年にかけて2007年の67棟をピークとして平均約45棟、2011年以降はやや沈静化して平準化し、約31棟でした。累計棟数は、1964〜1986年で約98棟、1988年から急増をはじめ、1996年で296棟、2003年で515棟、2008年で795棟、2015で年1057棟に達しています。

なお、このデータでは収録されていませんが、現時点（2015年末）で全国の超高層建築棟数を2,500〜3,000棟としている調査記録もあります（毎日新聞2015年12月18日）。調査している機関によって対象にしている建物の種類、棟数の数え方などに若干の相違があるようですが、都内の棟数を約半分として、現在おおよそ1,200〜1,400棟が建っていることになります。

3 超高層住宅の普及実態
高層（超高層）住宅の各年建設件数

　都内の超高層住宅（高さが60mを超えるもので、賃貸マンションを含む）の竣工棟数の推移は、1972～2013年の統計資料「建築統計年表（2013年度版）」[2]（東京都）によれば、1972～1987年は年間0～2棟、1980年代後半から漸増し、2002年までは年間約8～15棟、2003年からは急増し2006年には43棟のピークに達します。この後は減少しはじめますが、2013年に至って18棟と、2000年頃の棟数に戻っています。この間に竣工した棟数の累計は約530棟です（図3-5）。

　なお、参考までに別機関（BLUE STYLE COM）がリストアップした資料から集計すると、若干東京都の資料とは対象が異なっていることもありますが、1972～2013年に竣工している60m超のマンションの総数は約390棟、2014～2015年は43棟になっています。また、不動産経済研究所の資料によれば、都区部の20階建て以上の超高層住宅の完成予定棟数は2003～2013年に348棟、2014～2015年に57棟、2003～2015年計405棟となっています。

　これらから類推して、1972～2015年の間に竣工した超高層住宅（賃貸マンションを含む）の総数は、少なくとも573棟（530＋43）、多い資料の合算では587棟（530＋57）に上りますので、おおむね590～600棟に達していると思われます。

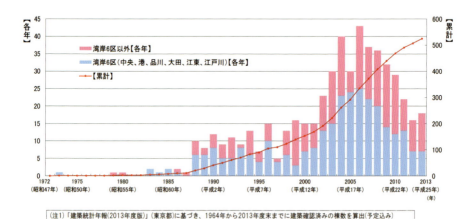

図3-5　超高層住宅の竣工棟数の推移[2]

　都内における超高層住宅（賃貸マンションを含む）の建設は、1980年代後半か

ら急増し、2006（平成18）年をピークに減少していましたが、2013（平成25）年は、前年比で増加に転じています。これまでの累計上、湾岸6区に超高層住宅全体の約6割が集積しています。

東京の歴史上超高層住宅高さ比べ

東京の超高層住宅を建設時点での最高高さという観点から調べると、おおよそ表3-5で示す建物が挙げられます。

表3-5 超高層住宅の高さ

年次	建物名称	階数	高さ
1971	広尾タワーズ	18階建て	64.9m
1979	サンシティD棟	21階建て	73.9m
1980	サンシティG棟	25階建て	80.3m
1988	スカイシティ南砂	28階建て	92.15m
1989	リバーポイントタワー	40階建て	132m
1994	聖路加レジデンス	38階建て	146.1m
1998	晴海トリトンスクエアビュータワー	50階建て	165m
1999	センチュリーパークタワー	54階建て	180m
2004	アクティ汐留	56階建て	190.25m
2008	THE TOKYO TOWERS SEA TOWER	58階建て	193.5m
2017	200mを超える超高層住宅が竣工予定		

ここで挙げたのは、年度を追って最高高さになったほんの10例ほどです。この間に名前を挙げていない超高層住宅が500～600棟も建っているわけで、こうしてみると1970年代以降の超高層住宅の普及がいかに目覚しいものであるか実感できるかと思います。

3-4 建築物の地震被害

1 被害を与える地震の強さとは

地震の大きさ、強さ、特性などにより建物に生じる力は変わります。建築基準法上は、地震の強さとしては中地震（最大地表面加速度80～100gal）程度（レベ

ル1）と、極めて稀に生じる大地震（最大地表面加速度300~400gal）（レベル2）の2段階を対象とします。なお、動的応答解析用には、最大速度値で基準化する方が観測波形による応答値のばらつきが小さくなることから、1970年代の後半からこのレベル1、レベル2は25kine、50kineの速度による評価が用いられています。さらに現在では、地震動の特性ばかりではなく、地盤の特性、建築字体の特性を総合したものとして、地震動入力が定まります。

　地震時の建物の安全性を評価する尺度としては、加速度、速度、変位がありますが、これらは上記の地震波（強さも含めて）のそれぞれについて求められます。各地震波によって応答値が異なりますが、当然のことながら、建物の位相特性に近い特性をもつ地震波ほど応答値が大きくなります。以下に加速度、速度、変位について概説します。

加速度

　応答加速度が大きいということは建物が受けるパンチ力が大きいことを意味します。

　建物構造体の安全性に関わると同時に、床上家具の転倒、棚上収納物の落下、二次部材の剥落などにも大きく影響する要素です。床上の人間の挙動の可能性にも大きく影響します。中高層建物では上層になるほど大きくなりますが、超高層建築では中間層に比べて下層部、最上層部で大きくなるようです。

速度

　応答速度が大きいということは建物に入力されるエネルギーが大きい、ひいては建物を揺らし続けるエネルギーが大きいことを意味します。

　加速度ほどではありませんが、床上の物体（人間も含む）の挙動にも影響を及ぼします。応答速度は概して上層に行くほど大きくなります。

変位

　固い建物（中低層建物―固有周期が小さい）では応答変位は小さく、超高層建築のように（固有周期の長い）柔らかい建物では、応答変位は大きくなります。

層間変位はレベル2で1/200以下になるよう基準法で決められています（特別な審査を受ける超高層建物ではレベル2の層間変位が1/100まで認められています）が、これを超えなくても二次部材が損傷を受ける場合がままあります。また設備配管が損傷を受けるのも多くはこの変位によります。層間変位が1/200をクリアできても建物の全体変位が非常に大きくなるケースがあります。隣接建物との衝突が起こり得ますし、また全体変位が大きいというだけで、実際の安全性には支障なくても心理的にパニックを起こす要因になります。大地震時の報道では、この全体変位が尺度としてわかりやすいためによく取り上げられます。

2　建築の地震被害とは

　日本は地震国であり、大昔から繰り返し地震が起きてきました。その都度、人命を脅かす大きな被害が生じていました。ただ、昔は人口密度も比較的小さく、建造物も現代ほど大規模ではありませんでしたから、建築物の被害も今と比較すれば小規模なものだったと思われます。とはいっても、建築物の崩壊、転倒、大破、小破はどの大地震においても間違いなく生じていました。

　1923（大正12）年に生じた関東大地震は、かなり市街化が進行していたこともあって、被害は甚大でした。現代においても、1968（昭和43）年の十勝沖地震、1978（昭和53）年の宮城沖地震では近代建築がかなり破壊されました。1995（平成7）年には阪神・淡路大震災が起きました。近代建築が建ち並ぶ市街地での直下型地震とあって、建築物の被害は予想をはるかに超えるものでした（図3-6）。

図3-6　阪神・淡路地震時の崩壊
新耐震以前のものに被害が大きく出ている。層崩壊が大きな特徴。

それから16年後の2011（平成23）年には、わが国では類をみない規模（マグニチュード9.0）の東北地方太平洋沖地震が起きました。被害の範囲は東北地方から関西地方にまで及びました。この地震では、長周期地震動による超高層建築の被害も多く生じました。

このように大地震が生じるごとに繰り返される建物の地震被害には、具体的にどのようなものがあるのでしょうか。ここでは主にハード面に出てくる被害を中心に述べます。

構造体の被害

被害の大きい方から「倒壊（崩壊）」「破壊（大破、小破）」「亀裂」などの表現が用いられます。

「倒壊」は倒れて潰れることを意味します。まれに「崩壊」が使われることもあります。いずれも人命を守れない、空間の機能を果たせなくなると同時に、建物全損です。阪神・淡路大震災では、倒壊、崩壊に相当する被害が数多く出ました。建っているその場所で形が崩れていくもの、地震直後には傾斜して建っていたものが数時間後に道路を塞ぐような形で横倒しになった建物など、まだ記憶に新しいところです。

「破壊」は柱、梁、壁などが壊れる（耐力上機能を果たせなくなる）ことを意味します。壊れる程度により大破、小破などの表現が使われます。梁破断、柱座屈などもこれに入ります。修復の可能性は壊れ方の程度いかんによります。

「亀裂」も程度いかんによっては修復可能です。

これらのほかに、「沈下」「傾斜」なども構造体の被害として扱われます。

阪神淡路大震災では、層崩壊（ある層が集中して壊れる）が目立ちました。これらは程度によっては崩壊、修復可能なものであれば大破という表現になっているものでしょう。

阪神・淡路大地震の建物被害は、大きな力（加速度）によるものでした。そこでは、微細な亀裂からはじまって倒壊・崩壊にいたるまで、すべての地震被害の様相が現れていました。

非構造部材の被害

主に建物内外装材の被害をいいます。外壁、開口部（建具およびガラス）、間仕切壁、天井、床、および屋根材などを構成する部材ならびに取り付け部の被害をいいます。破損して落下にいたる場合には、機能損傷だけでなく、人命保護にも影響します。天井落下、外壁破損、カーテンウォールの落下などはこれに該当します。地震時の変形によって出入り口の扉が開閉不能になることも、非構造部材の被害です。これも、避難路を塞ぐという人命に関わる被害になりえます。多くは地震時の加速度、変形によって引き起こされます。

建築設備の被害

建築設備機器や配管類に生じる被害をいいます。具体的には、高置水槽、冷却塔、ポンプ、ダクト関係、冷凍機、エレベーター用モータなどに関する被害ですが、機器そのものおよび据付に関して耐震安全性の検討が十分になされていなかったものに多く被害が出ています

家具・備品の転倒被害

転倒の下敷きによる人命損傷、避難通路の遮断などがあります。超高層建築が増えている状況では、揺れによる家具・備品の移動が大きな被害要因になるおそれがあります。なお、この被害は家具・備品の建物への固定化によりかなり防げるものです。

その他の被害

阪神・淡路大震災の折、ある工場の地震被害を調査しに行き、「建物の被害はありません」と施主に報告したところ、「床（土間コン）の上に設置してあった器械に不具合が生じて一時生産不能になり、大損害を受けた」と、お叱りを受けたという話を聞いたことがあります。以前は「建築に被害はありません」で済んでいたものが、今は建物にセットされている器械の機能保持まで地震被害の対象として考える必要があるのです。

このように、従前は地震被害の対象は主に建築躯体でしたが、度重なる地震により被害に対する認識が深まり、現在では人命だけではなく、建物の持

つ機能、機能不全による損害にまで被害の対象が広まってきています。

3　超高層建築に考えられる地震被害

　幸いなことにわが国では、超高層建築が地震によって倒壊したとか、大破したという事例はありません。これは、日本で超高層建築が建ちはじめたのが比較的最近であることや、この間に超高層建築に損害を与えるような地震が幸いにして起きてこなかったからともいえるでしょう。

　しかしながら、倒壊や大破に近い、超高層建築の安全性を脅かすような地震は起きていました。阪神・淡路大震災（兵庫県南部地震）、東日本大震災（東北地方太平洋沖地震）がそれです。

　兵庫県南部地震は直下型地震で、低中高層建物は甚大な被害を受けました。これに比べると超高層建築の被害はほとんどニュースにも載らないほどでしたが、超高層建築もかなりの加速度を受け、揺れました。上層階、屋上に設置してあった家具什器備品にはかなり転倒・移動をしたものがありましたし、層間変位も1/200を超えるものがありました。その結果、間仕切り壁が破損した、エレベーターが数日間稼動できなかった、外壁ガラスが割れたなどの被害が出ました。ただ、この地震には長周期成分がなかったのか、建物との共振事例がほとんどみられなかったのは幸いでした。

　東北地方太平洋沖地震は稀にみる大規模な地震でした。長周期の地震動が東北、関東だけでなく、関西地方にまで及びました。これは、これまでわが国では体験したことのないものでしたが、この長周期の地震波により、固有周期の長い超高層建築は大いに揺れました。東京都庁第一本庁舎（48階建て）では、最上階の揺れが片振幅65cmにもなりました。また、大阪の咲洲庁舎（52階建て）では、片振幅137cmが記録されました。テレビでは新宿の超高層建築群が揺れ動く様子が放映されました。実際に体験された方々にとっては、言いようのない恐怖だったことでしょう。

　また後日、東京湾岸に建つ超高強度コンクリート造超高層建築（住宅）の数棟（地震計を取り付けていたもの）で、地震前と地震後とで周期特性に変化が起きていることが報告されています。これなどは、外観上はほとんど判別できないことですが、実際には若干であれ構造的な被害があったことを示していま

す。この構造的被害が、来たる大地震時に安全上どのような影響を及ぼすかは未だ検討中です。

エレベーターにおける天井の落下、間仕切り壁の損傷、一時停止は、耐震措置が講じられているはずのエレベーターでも起きました。

このように、超高層建築の地震被害に関しては、低、中、高層建物に生じる地震被害と同じ種類の被害に加えて、長周期地震動による被害も重視しなければならないことがお分かりいただけたことと思います。

4 長周期地震動と超高層建築の挙動
これまでの長周期地震動に関する研究

1960年代までは日本の建物は31mの高さ制限もあって、ほとんどが固有周期1秒以下の建物でした。このため、当時は1秒を超える地震動が長周期と呼ばれました。一方、固有周期の長い大型構造物に被害を及ぼす地震動という観点から定義すると、一般的な高層建築物の固有周期が2～3秒であることから、長周期地震動の下限を2～3秒とすることもありました。地震調査研究推進本部・地震調査会では地震動の下限周期を2秒とし、周期3秒、5秒、7秒、10秒の長周期地震動予測地図（2012年試作版）を作成しました。

日本で長周期地震動が騒がれはじめた発端は、2003（平成15）年の十勝沖地震において、震源から約250km離れた苫小牧で発生した石油タンク火災とされています。また翌年2004（平成16）年の新潟県中越地震の際に、東京都心の超高層建築で発生したエレベーターの故障も長周期地震動が原因とされました。なお、遡って考えれば、1964（昭和39）年新潟地震の際の石油タンク火災も、現在では長周期地震動によるスロッシングが原因であったとされています。新潟地震時の東京はまだ超高層建築がなかったせいもあってか、ほとんど騒がれませんでしたが、筆者は地震が起きた時に九段にあるビルの1階ホールにいて、1階床面がとてもゆっくり、しかしながら大きく長時間揺れたのを憶えています。今にしてみれば、この時も東京で長周期地震動が生じていたものと思われます。

2011年東北地方太平洋沖地震では、震源域から300km余り離れた首都圏で高層建物が揺れているのが、スローモーションを見ているかのように肉眼で

も確認されました。さらに遠く離れた大阪市内でもエレベーターが停止したり、超高層建築で大揺れに揺れたケースもありました。

なお、メキシコやルーマニアでは、長周期地震動が生起することが従前から知られていました。1985年のミチョアカン地震では、震源から約400km離れたメキシコシティにおいて、低層建築物の被害が目立たなかったのに対し、高層建築物の倒壊や損壊が相次ぎました。その原因として、かつてのテスココ湖を干拓した市街地が厚さ数十mの柔らかい堆積層で表層を覆われており、これが長周期の表面波を増幅したと考えられています。

このような事象を受けて、長周期地震動に関する調査、研究が進められました。1960年代ごろまでは、長周期地震動で影響を受ける建物が少なかったこともあり、せいぜい長周期地震動という現象が生じることが認知されるにとどまっていました。しかし近年、地震計の充実もあって、長周期地震動発生のメカニズム解明、長周期地震動の波形収集、地下の地震波速度構造などに関する研究がなされ、さらには、超高層建築の長周期地震動対策なども研究されてきています。

ここで、わが国の長周期地震動に関する研究体制を紹介しますと、現在日本の地震計は、気象庁の95型震度計約600地点、防災科学技術研究所のK-net約1000地点のほか、各地の大学により強震計が設置されており、高密度で大地震における長周期地震動のデジタル波形が収集されています。また、地震調査研究推進本部地震調査委員会では、長周期地震動予測地図2009年試作版、2012年試作版を作成しました。2004（平成16）～2006（平成18）年には、土木学会・日本建築学会が巨大地震対応研究連絡会を立ち上げたほか、2007（平成19）年、2012（平成24）年には、日本建築学会が『長周期地震動と建築物の耐震性』という書籍を出版しました。

長周期地震動と超高層建築の挙動

地震動の卓越周期と建物の固有周期が一致すると、建物は共振して大きく揺れます。

戸建住宅をはじめ、低層のオフィスビル、マンションなどの建物の構造体は、固有周期がおおむね1秒以下なので、ここでいう周期2秒以上の長周期地

震動による影響はほとんど受けません。

これに対し、高層の建物の場合には、その固有周期が長周期地震動の周期に一致すると、非常に大きな影響を受けます。一般の高層建築の場合、その固有周期Tは、階数をNとすればおおむねT＝(0.06~0.10) N、高さをH (m) とすればおおむねT＝(0.015~0.02) Hとなります。

なお、構造体が鉄骨造か鉄筋コンクリート造系かによって、固有周期に若干違いがあります。上記かっこ内の数値の小さいほうが鉄筋コンクリート系、大きいほうが鉄骨系です。どちらかというと、鉄骨系はオフィスビル、鉄筋コンクリート系はマンションに多くみられます。ちなみに、高さ200mの鉄骨造建物の場合、固有周期が約4秒であり、これに近い周期をもった地震が起こると、建物は共振を起こして大きく揺れる可能性が高くなります。

東北地方太平洋沖地震時と南海トラフ巨大地震時の超高層建築の挙動

すべての超高層建築に地震計が取り付けられていれば、大地震時の記録がとれて非常に有効です。しかしながら、取り付けられている建物は少なく、かつ、その結果が公表されているものとなるとさらに少なくなります。

以下に公表されている記録のいくつかを再録します。

- 工学院大学新宿校舎（28階建て。最上階で加速度300gal、最大変位片振幅37cm）
- 都庁第一本庁舎（48階建て。最上階で15分間、揺れの最大片振幅65cm）
- 新宿センタービル（54階建て。最上階の最大片振幅54cm、制振補強がなければ70cmと推定）
- 大阪の咲洲庁舎（52階建て。10分間の揺れ、最大片振幅137cm）

地上の震度は東京で震度5～6弱、大阪では震度3でした。それにもかかわらず、超高層建築は東京でも大阪でも大揺れに揺れました。特に建物周期と地盤の固有周期がほぼ一致したと思われる大阪のビルで、東京以上に大きな揺れが記録されました。これが長周期地震動による揺れの特徴でしょう。

なお、2015（平成27）年12月17日に、国の南海トラフの巨大地震モデル検討会が、南海トラフ巨大地震が生じた場合の超高層建築に与える影響を公表しています。これによると、

「地表の揺れ（秒速5cm以上）が続く時間は、軟らかい堆積層が厚く広がる3大都市圏の平野部で長く、特に、大阪、神戸両市の一部で6分以上、千葉、愛

知県などで最大5分以上となった。地表の揺れに応じて建物全体が揺れる速さは、3大都市圏の広い範囲でおおむね秒速150cm以下。建物の強度には余裕があり、長周期地震動を直接の原因とする倒壊はないと推定した。建物にはそれぞれ高さなどに応じて揺れやすい周期（固有周期）があり、地震動の周期がこれに近いほど共振が起きて揺れが激しくなる。また揺れは上層階ほど大きい。現存するビルで最上階の最大の揺れ幅を推定すると、高さ200～300mのビルで、大阪市住之江区約6m、名古屋市中村区約2m、東京23区2～3m」

となっています。ここでいわれている揺れ幅は、想定される最大クラスの地震を想定したものですが、東北地方太平洋沖地震時の挙動にくらべて、かなり大きい振幅が想定されています。なお、ここでいう振幅は全振幅（片振幅の倍）を意味しています。

5　超高層建築における地震時恐怖感について

地震時には建物は揺れます。中低層建物は固有周期が短いから、ガタガタと揺れます。これは皆さん体験されているところです。これはこれなりに大変不安感を感じさせます。また地震時の揺れに対する恐怖感は、感覚なのでかなり個人差があることも知られているところです。

21世紀に入ってから、長周期地震動とこれによる超高層の揺れが問題視されはじめました。以前から長周期地震動がなかったわけではありませんが、長周期によって大きく影響を受けるような建造物が比較的少なかったからか、大きくは取り上げられてこなかったものと思われます。

近年、固有周期の長い超高層建築が数多く建設されて、長周期地震動による揺れの具合がこれまでの中低層とはかなり違ったものになってきました。具体的には、特定の長周期を持つ地震動が、これとほぼ同等の周期を持つ超高層建築に対して大きな揺れを長時間もたらします。最上階では、高さの1/100程度の揺れ幅（50階であれば±2m程度）が数分にわたって継続する可能性も出てきました。これはかつて誰も経験したことのない揺れで、人間の心理、生理に与える影響は計り知れないとされています。

この影響度を定量的に測る尺度はいまだ研究中ですが、現在わかってきて

いる範囲で若干の考察を試みます。なお、医学的分野での心理的、生理的影響度については、いまだ研究・解明されているのを知りません。いまここで恐怖感をはかる尺度として取り上げようとしているのは、工学的に測ることのできる行動難易度、不安感などです。

この行動難易度、不安感の要因に尺度として適用しているものは、震度階級、加速度、速度、変位などです。加速度、速度、変位に関しては、〈被害を与える地震の強さ〉として前述しました。ここでは、公開されている震度と恐怖感、諸研究にみる地震動と人間の感覚・挙動について解説します。

震度と人の挙動

気象庁震度階は地震に関する知見が深まるにつれて、1984（昭和59）年以降、何回か更新されています。最も新しい震度階級（2009年～気象庁震度階級関連解説表）には、震度に対応した人間の挙動、屋内外の状況、建築物の状況が記されています。このなかから人間の挙動を抜き書きすれば、表3-6のようになります。

表3-6　震度階級と人の挙動の関係

震度階級	人の体感・行動
0	人は揺れを感じないが、地震計には記録される。
1	屋内で静かにしている人の中には、揺れをわずかに感じる人がいる。
2	屋内で静かにしている人の大半が、揺れを感じる。眠っている人の中には、眼を覚ます人もいる。
3	屋内にいる人のほとんどが、揺れを感じる。歩いている人の中には、揺れを感じる人もいる。眠っている人の大半が、眼をさます。
4	ほとんどの人が驚く。歩いている人のほとんどが、揺れを感じる。眠っている人のほとんどが目を覚ます。
5弱	大半の人が、恐怖を覚え、物につかまりたいと感じる。
5強	大半の人が、物につかまらないと歩くことが難しいなど、行動に支障を感じる。
6弱	立っていることが困難になる。
6強	立っていることができず、はわないと動くことができない。
7	揺れにほんろうされ、動くこともできず、飛ばされることもある。

人間の地震時の体感、挙動を表しているものとしては、公式のものではこの「気象庁震度階級関連解説表」が最もわかりやすいですが、それでも、こ

れは個人により違いの出てくるものであり、かつ、ある想定範囲についてのみ適用可能という条件付のものです。

また、長周期地震動に対応するものとして、2013（平成25）年3月以降、表3-7の速報が出されることになっています。

表3-7　長周期地震動階級と人の挙動の関係

長周期地震動階級	人の体感・行動
長周期地震動階級1	室内にいたほとんどの人が揺れを感じる。驚く人もいる。
長周期地震動階級2	室内で大きな揺れを感じ、物につかまりたいと感じる。物につかまらないと歩くことが難しいなど、行動に支障を感じる。
長周期地震動階級3	立っていることが困難になる。
長周期地震動階級4	立っていることができず、はわないと動くことができない。揺れにほんろうされる。

諸研究にみる地震動と人間の感覚・挙動

実験やアンケートにより、地震動と人間の感覚・挙動の関係を解明しようとした研究がいくつかあります。これらにより、およそどの程度のことがわかってきているか紹介します。

- 高橋他（2007）「長周期地震動を考慮した人間の避難行動限界評価曲線の提案」[3]

　　振動台実験に基づいた評価曲線を提案しています。振動台の上に21人の被験者をのせ、長周期の加振まで含めて被験者が起立動作、歩行動作、不安度についてどう感じたかのアンケートをとり、これを行動難度、不安度の評価曲線としてグラフ化しています（図3-6）。実験、アンケート形式をとってはいますが、かなり評価できる結果が得られています。

　　加速度、速度、変位が増えれば、当然ながら行動難易度、不安度も増しますが、短周期、長周期では若干の傾向の違いがみられます。得られた評価曲線は、行動難度においては周期5秒から10秒の範囲で加速度に比例する傾向がみられ（200gal以上では「3.かなり乱れ、滑りなく行動できない」から「4.行動できない」）、周期5秒以下の評価曲線の傾き（加速度よりはむしろ速度に影響される）とは異なる傾向を示しました（図3-7（左））。また、不安度については、短周期領域の評価曲線の傾きをそのまま延長するような結果（周期に関係なく、加

速度、速度の増加に伴って不安感が増す）を示しました（同図（右））。

長周期と変形の関係についてこの図3-7に適用してみると、例えば周期3.7秒の建物が高さ150mの最上階で100cm揺れたとすれば、行動難易度は「4.行動できない」の領域、不安度は「4.非常に不安である」と「3.かなり不安を感じる」の中間領域に該当しています。また、60cmであれば、行動難易度は「3.かなり乱れ滞りなく行動できない」と「2.乱れるが滞りなく行動できる」の中間領域、不安度は「2.不安を感じる」領域に該当しています。同図は実験とアンケート結果をもとにしていますが、ほぼ妥当な結果が出るようです。

日本における超高層建築の歴史はおよそ半世紀になるものの、長周期地震動そのものはまだ研究の緒についたばかりです。長周期地震動の際の恐怖感は、この数年の長周期地震動で関心が起こってきたところです。これに関する研究はまだ数少ないですが、本来設計にも反映されるべきものであり、早期の工学的、医学的（生理的、心理的）面からの研究が待たれます。

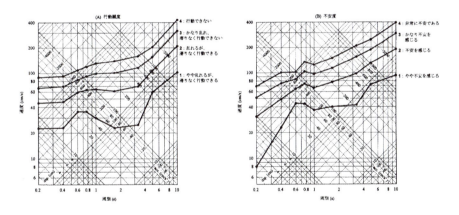

図3-7　単調加振に対する行動難度（左）、不安度（右）の評価曲線（平均値）

3-5 超高層建築の安全対策

1 なぜ今、超高層建築（特に超高層住宅）の安全性対策か

超高層建築の安全性再検討

　高層建築は、原則として国交省大臣の諮問機関である日本建築センターに設置されている高層建築物評定委員会（2000年6月より「指定性能評価機関」。また同時に評価業務が民間に開放され、いくつかの指定性能評価機関が設立されています）で審議が行われるようになっています。したがって、一般の建物に比べて多種の面にわたって安全性は担保されているはずです。

　しかしながら、超高層建築はもう半世紀も前から設計され、建設されてきました。そして、これらの建物の審査もその審査される時点でわかっている知見をもとになされてきました。

　大地震が起きるごとに想定外のことが起きます。それだけ大自然の営みにはまだまだ未解明の点が多くあります。わかった時点で、それまでの知見は必要があれば修正していかなくてはなりません。また、大地震は机上での検討を実証してくれるかっこうの機会でもあります。こうした意味で、阪神・淡路大震災、東北地方太平洋沖大地震を経験した今、その体験をもとに、超高層住宅の安全性について再検討しておく必要があろうかと思います。

　幸いなことに、超高層建築でこれまでの地震で倒れたものはありません。しかしながら、かなりの揺れは体感されています。また、構造体以外のところで破損を生じたり、移動、落下などまかり間違えば人命にも影響しかねない現象は起きています。こうした課題を解決して、今後の対策に結びつけたいものです。

　また、最近建設される超高層住宅は高さだけでなく、居住者数も建物というよりは街に近い規模のものが出てきています。これだけの人に対して災害時に情報伝達は十分か、また避難は可能かなど、これまでにあまり想定されてこなかった事象の対策も必要になっています。

2 長周期地震動に備える

　超高層建築に被害を及ぼす可能性のある地震動は、長周期地震動です。長

周期地震動が騒がれはじめた発端は、2003（平成15）年の十勝沖地震における石油タンク火災とされています。これ以降、日本でも長周期地震動対策が検討されはじめました。

　入力に関する研究開発、応答に関する研究開発などが、官・民を問わず行われ、2010（平成22）年12月には国交省による超高層建築物等の長周期地震動の対策試案（パブリックコメント募集）、2011（平成23）年3月4日には日本建築学会の長周期地震動対策に関する公開集会が行われています。この直後の3月11日に東北地方太平洋沖地震が起きました。

　長周期地震動が起こることはある程度予測されていましたが、実際に起きたのは予測を超える規模の大地震でした。超高層建築で倒壊したものはありませんでしたが、大揺れに揺れてかなりの恐怖感を煽りました。大地震の際には往々にして新しい知見が得られますが、この地震で、入力および応答に関する多くの記録が採取され、新しい知見となりました。

　これをもとに、これまでの研究・開発の再整理・再検証が行われて、2015（平成27）年12月18日付けで国土交通省より「超高層建築物等における南海トラフ沿いの巨大地震による長周期地震動への対策案」に関する意見（パブリックコメント）募集が出されました。近いうちにこれが整えられて、これからの超高層建築の設計や、既存の超高層建築の健全化に有効に働くことを期待します。

　なお、長周期地震動への対策という観点からすると、専門的にはこの「超高層建築物等における南海トラフ沿いの巨大地震による長周期地震動への対策案」などが非常に有用ですが、一般的な長周期地震動対策という点では、2011年3月11日以前の研究成果に多くが述べられています。例として日本建築学会の長周期地震動対策に関する公開研究集会「総合まとめ」[4]には、かなりわかりやすく長周期地震動に関する研究成果が記されています。このなかから、成果の要約としてまとめられた主な知見と対策の提案を転載します。

主な知見（日本建築学会・公開研究集会）

① 首都圏、名古屋圏、大阪圏に建つ既存超高層建物は、これまで検討した最大の地震である東海・東南海・南海地震の三連動地震によって、当初

設計時に想定した地震動よりも相当長い時間にわたって大きく揺れる可能性が高い。しかし、三連動地震に対しても、これら都心部に林立する超高層建物群がもろくも崩壊する可能性はほとんどない。
② 長周期地震動は、地域によって揺れの特性（地面の揺れの卓越周期や継続時間など）が異なり、また、超高層建物がもつ構造特性（固有周期、減衰、構造形式、強度や靱性）も高さや設計時期によって差があるので、建物の揺れの度合いや損傷度は個々の建物ごとに異なった様相を呈する。
③ 超高層建物において、非構造部材の損傷や家具什器類の移動・転倒が起こる可能性は極めて高い。一方で、家具什器類の移動や転倒は、適当な固定対策によって確実に防げる。
④ 超高層建物にダンパーなどの制振部材を取り付けると、その揺れは顕著に減少し、構造躯体を無損傷にとどめることは十分に可能である。
⑤ 超高層建物が大きな地震を受けた直後に実施しなければならない応急危険度判定（避難の要否）や、被災度判定（被害程度と再使用への工期・工費など）は、建物内への立ち入りの判断、損傷判定に要する時間、判定技術者数の限界などから、困難を極めることが予想される。

対策の提案（日本建築学会・公開研究集会）

① 既存超高層建物においては、個々に耐震診断を実施した上で、それぞれの被害程度を事前に予測しておくべきである。被害が大きいと判定された建物については、建物の機能改修（設備機器や内外装の更新）時に、制振部材を用いるなどの耐震補強をあわせて実施することが効果的である。
② 超高層建物の上下方向の移動の要となるエレベーターのうち、少なくとも1基を、大地震直後にも安全に利用できる耐震性能の高いエレベーターに更新すべきである。これによって、地震直後の避難、危険度判定、復旧・補修など、地震後に発生するさまざまな作業が大幅に促進される。
③ 超高層建物の揺れを測る観測機器（加速度計）を建物内に常設すべきである。また、設計図書などの資料や最新の地震応答解析ができる解析モデルを一元管理し、地震後にすぐ使えるように備えておく必要がある。建物の揺れを模擬できる解析モデルと観測記録を組み合わせた損傷診断は、

地震直後における危険度・被災度の判定や損傷部位の同定に絶大な効果を発揮する。
④ 超高層建物は未だ大きな長周期の洗礼を受けていないので、これら建物への被害や、被害に伴う生活や事業の阻害には未知な部分が多い。それを補うためには、実際にことが起こったとき、どのような事象が発生し、また今ならそれにどう対処するであろうかという視点から想定シナリオを描き、現状の課題を洗い出すとともに事前の対策案を練るべきである。
⑤ 超高層建物の所有者、使用者、居住者には、長周期地震とその対応を真剣に考えねばならないことを強く訴えるべきである。そのためには、超高層建物の揺れを擬似体験するなどによって対策の必要性を実感させること、震災時行動マニュアルを整備するとともに防災訓練を定期的に実施すること、また特に分譲住宅のような所有者が多数にわたる建物の場合には、耐震診断、耐震改修、被災後補修などに対する事前の合意形成を促すことが有効である。

主な知見①では、南海トラフ沿いの3連動地震によって、相当長い時間にわたって大きく揺れる可能性が高いこと、しかし、都心部の超高層建物群が崩壊する可能性はほとんどないことが併記されています。ただ、2011年3月11日の前後で南海トラフ沿いの連動地震の評価に若干の違いが出ています。マグニチュードの大きさが0.1違うだけでもエネルギーは3倍になる世界ですから、若干被害が増える可能性も覚悟しなければならないと思われます。

知見②では、地域によって、超高層建物がもつ構造特性によって、揺れの度合いや損傷度が異なるといわれています。これは、東北地方太平洋沖地震で多くの超高層建物が大揺れに揺れたなか、大阪の1棟が際立った揺れ具合を示したことでもおわかりいただけるでしょう。

知見③は、被害の中でも最も身近な問題に触れています。専門家でなくても、身近な被害は防げることを知って応分な対策を施していただきたいものです。

知見④はかなり専門的な対策です。最近は制振構造の揺れに対する有効性は熟知されてきましたので、最近建設される超高層建物ではほとんどの建物

に制振部材がとりつけられています。また、既存の超高層建物においても、長周期地震動対策として制振部材を取り付けるものが増えてきています。制振部材には多種のものがありますが、いずれも大地震時に建物の揺れを顕著に減少させることを意図しています。建物に地震力と逆方向の力を加えるもの、ある部材を降伏させて振動特性を変えるもの、免震装置など、既存の建物でも比較的取り付けやすい工法があることも特徴です。

知見⑤は、以前から地震計など、新しい建物に設置して、それに近い効果を期待したものがいくつかありましたが、ごく少数でしたので、これを増やすこと、それと同時に簡便な応急危険度判定技術の開発が要望されているものです。

対策の提案①は、知見②、知見④への具体性をもった提案です。

対策の提案②は、地震直後の避難、移動に関わる対策です。地震対策というと、往々にして構造体に関するものに目がいきがちですが、実際には避難に関する事前の対応が必要なのです。これは、地震直後の情報確保手段に対しても同様なことがいえるでしょう。

対策の提案③は、知見②、知見⑤に対応します。都内8か所の高強度RC超高層マンションに設置されていた地震計は未解明の点もありますが、2011年3月11日の地震応答を記録し、高強度RC超高層住宅の解析、損傷診断に大きな手がかりを与えています。

対策の提案④、⑤は建物の管理者、居住者に、長周期地震動を知り、対策を立てることの必要性を訴えています。地震時の行動マニュアルを事前に作成し、関係者全員が知っておくことが被害軽減の重要な対策になります。

なお、この主な知見、対策の提案は2011年3月11日の前に書かれていますので、断定されているところなどは、現在も有効かどうか若干不明のところもあります。しかし、ほとんどの項目は現在もそのまま有効なものです。

3　制震技術——挙動の減衰

制震技術は超高層建築にあって、長周期地震動による応答を低減させる有力な手段になっています。ここで、若干制振技術の何たるかについて解説しておきます。

制震技術を組み込んだ構造を制震構造といいます。制震構造は言葉のとおり、何らかの人為的な方策によって建物に入ってくる、あるいは入ってきた地震力を制御しようとするものです。この意味では、免震構造も制震構造の1つとして位置づけられます。

　制震構造に関しては、1950年代に基本原則として、次の5項目が提唱されています。[5]
① 　地震動のエネルギー伝達経路を遮断する
② 　地震動のもつ周期帯から建物側の固有周期帯を分離する
③ 　非線形特性を与えて非定常、非共振系とする
④ 　制御力を付加する
⑤ 　エネルギー吸収機構を利用する

　この5項目はかなり以前に提唱されたものですが、現在の制震構造はすべてこの5項目のいずれかを目指したものといえます。そして、おおよそ図3-8のように分類できます。

　なお、制震構造が実現したのは、パッシブ制震が1984（昭和59）年、アクティブ制震が1989（昭和64）年とされています。パッシブ制震は、地震に対して受動的で、構造物系内の機構により震動を制御する制震方法です。アクティブ制震は、地震に対して能動的であり、外部エネルギーを用いたコンピューター駆動によって震動を制御する方法です。

　制震構造（免震構造を含めて）は、開発されてまだ歴史が浅い技術ですが、動的解析技術の信頼性が高まるなどして、近年急速に普及してきました。特に、震動エネルギーの吸収を図るエネルギー吸収型ダンパーの設置は、最近の超高層建築のほとんどにおいてなんらかのかたちで採り入れられています。これからも地震力に抗する新しい仕組みが開発されていくでしょう。

　免震構造も制震構造の1つですが、この構造も最近急速に信頼度を増して、多くの建物に適用されています。免震構造のアイデアは、古くは剛柔論争の最中に提案されました。以降、剛構造による耐震設計の時代が続きますが、免震構造を追求する動きがなくなったわけではありませんでした。1960年代から急速に広がった弾塑性地震応答解析の研究成果も受けて、実用化への開発が進展します。

免震構造は、一般的に建物の基礎と上部構造の間にいわゆる免震層を設け、ここに図3-9のような水平方向にきわめてやわらかいばね特性をもつ免震装置を設置し、構造物の基本周期を長周期化します。上部構造は剛構造であっても、全体としては長周期になることから、この免震層で地震のエネルギーを吸収し、上部構造に入る地震力を大幅に低減するものです。

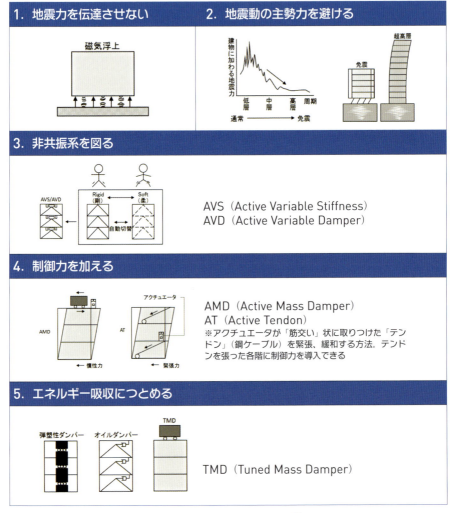

図3-8　制震構造の基本5原則[5]

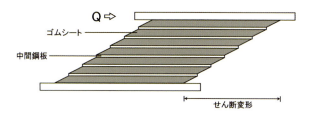

柱の大きい荷重を支えながら地震の大きな揺れをも可能にする。
鋼板に挟まれたゴム板は張力によって圧縮力ならびに水平変形を耐える。
図3-9　免震装置(積層ゴム)概念図

　なお、長周期地震動いかんによっては、免震装置も共振することがありえますので、免震装置には減衰ダンパーも常備して使われることになります。

4　非構造部材の落下防止

　非構造部材の被害に関しては、前項でも述べました。非構造部材とは、主に建物の内外装材のことを指します。破損することで生じる損失は、主に空間の室内環境（遮音、空気、温熱、プライバシーその他）、美観、財産価値などですが、タイルなどの外壁仕上げ材やガラスが落下した場合には人命にも影響を及ぼします。この落下は高さが高いほど、飛散範囲が拡がりますから非常に危険です。また、天井の落下も床上にいる人を直撃してその命を奪いかねません。これらの状況からして、非構造部材の耐震設計の目標は地震で脱落しないこととなります。

　では、この剥離、落下を起こさせる地震の強さは何なのでしょうか。2つの力が考えられます。すなわち、

① 　加速度（慣性力）によって非構造部材が躯体から剥離する
② 　柱・梁の動きに対して非構造部材が追従できない

　言い換えれば、①は非構造部材に慣性力が強く働いても安全であることが要求されます。地震時の慣性力は非常に強くなることが予想されます。取り付け位置によっては、重量と同等以上の水平力が瞬時にかかることもあります。これに耐えるだけの取り付けディテールが要求されます。

　②では建物はどうしても揺れます。場合によっては、層間変位が1/100にな

ることも起こりえます。例として、階高4mであれば、変形量が層の間だけで20〜40mmにもなることがあります。慣性力が働くと同時に変形を生じますから、この双方（強度と変形）に耐えうるような取り付け詳細にしておくことが要求されます。」

ガラス部の変形に関しては、以下の式と図3-10が参照されます。

- Bouekampの計算式　サッシ許容変形量 $\Delta = 2c\,(1+h/b)$
- サッシ、ガラス間は弾性シーリング材やゴムガスケットを用いる
- サッシ内に突起物があるとガラスは破損しやすくなる

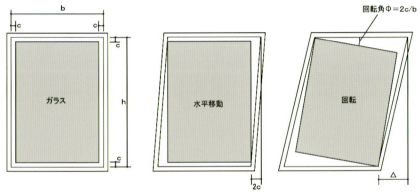

図3-10　ガラス・サッシ間クリアランスと耐震性[6]

　天井にも同様に、慣性力に対する強度と変形対応の取り付け詳細が要求されます。天井は躯体に取り付けられながら天井独自で動こうとしますから、取り付け部の強度（上下、水平方向）に躯体から外れないだけのものが必要です。この非構造部材の耐震性に関しては、1978（昭和53）年の宮城沖地震を契機に規準が整備され、1985（昭和60）年に学会から「非構造部材の耐震設計指針」として、また2003（平成15）年にはその改訂版が発表されています。

5　家具・備品の転倒、移動対策

　家具・備品の転倒・移動は、多くは慣性力（加速度）によって生じます。したがって、一般高層建物では加速度の大きくなる上層階ほど転倒しやすくな

ります。超高層建築では必ずしも剛構造の一般建築と同じではありませんが、それでも上層部ほど揺れが大きくなりますから、転倒の可能性が増大します。

　加速度のほかにも以下の条件のものは転倒、落下、移動の可能性が大きくなります。
- 高さ／奥行きの大きいもの（転倒）
- ２段がさねのもの（落下）
- 設置している床材が滑りにくいもの（例：絨毯敷き）（転倒）
- 設置している床材が滑りやすいもの（例：フローリング）（移動）
- 家具・備品にキャスターのついているもの（移動）

　これらの条件下にある家具・備品の転倒・移動は、家具・備品を壁、床、天井などに固定することによって防ぐことが可能です。ただし、1か所の固定だけでは転倒・移動を防げませんので、壁面と床面、天井面と床面のように2か所で固定することが大切です。

6　機能保持
設備の耐震対策

　設備には空調設備、給水設備、排水設備、厨房設備、ガス設備など、人体でいえば血流の役割を果たす機構が大部分を占めます。これらに関する地震損傷は、建物の機能障害に直結します。具体的には、機器の移動・転倒（室外機、受水槽、その他）、配管のはずれ、は住民の生活保持に直結します。給排水系統のどこかで損傷を受けても水が使えなくなります。低層建物なら給水車に頼ることも可能でしょうが、これが超高層建築で生じると、修復するまで生活ができなくなります。こうならないよう、事前の対策が必要になります。

　1968（昭和43）年の十勝沖地震、1978（昭和53）年の宮城県沖地震での被害を受けて、建設省主導で1979（昭和54）年に設備耐震規定作業が進められ、1980（昭和55）年、1982（昭和57）年には建築設備の耐震設計・施工指針が公布されています。また、その後の地震被害を受けて、2003（平成15）年、2014（平成16）年に改訂版が出されています。超高層建築が激増している現在、これらに準拠した設備の耐震対策は必須のものとなっています。

昇降機の耐震対策

　昇降機の耐震対策は、建物が高層化するにしたがい、重要になってきました。エレベーターに関しては、従来、各エレベーターメーカーの自主基準で安全対策が行われてきましたが、建物が高層化するにつれ、エレベーターの事故が増加するようになり、1981（昭和56）年には官民合同でエレベーター耐震設計・施工指針がまとめられました。

　具体的に被災例をみてみますと、釣合おもりの脱レール、機械室機器の移動転倒、ロープ・ケーブル・スチールテープなどの引掛りなどですが、その後も大きな地震のあるごとに、エレベーターの一時停止例が報じられています。一時停止は現行指針でも認められていますが、一時停止がひどい状態の場合には乗客閉じ込めにもつながってきますから、事前の対策が必須です。

　なお、耐震指針の最新版は2014（平成26）年です。大きな地震のあとには見直されていますので、古い建物もこれによって事前に対応しておくことが必要です。

7　実大三次元震動破壊実験施設（愛称：E-ディフェンス）

　E-ディフェンスは、国立研究開発法人防災科学技術研究所兵庫耐震工学センターが所管する、大型構造物の震動破壊実験を行う実大三次元震動破壊実験施設です。Eは、Earth（地球）を表しています。

　2005（平成17）年の開設時の施設案内によれば、「これまでの震動台は、小・中規模のものについては世界中至る所に数多く見られますが、E-ディフェンスは、その名前から実大・三次元・破壊というキーワードで特徴づけられ、実物大の構造物を破壊させるために必要な性能を有しています」とされています[7]。

　また、この施設を計画する契機となったのは、1995（平成7）年の兵庫県南部地震によるビル、家屋、道路、港湾などの甚大な被害でした。コンピューターの解析による耐震性評価だけではなく、実際の破壊過程を調べることが耐震性評価の一方向であることが強く認識されたことによります。

　かくして、「実大三次元震動破壊実験施設は、実大規模の建物（戸建2棟分、中層建物もそのまま）などに兵庫県南部地震クラスの地震の揺れを前後・左右・上

下の三次元に直接与えることで、その揺れや損傷、崩壊の過程を詳細に検討できます。E-ディフェンスは構造物の耐震性向上に関わる研究開発と実践を促進する「究極の検証」手段です」[7)] となっています。

2005年に開設されてから、E-ディフェンスでは30余りの加振実験が行われています。この中には、木造住宅（伝統構法、在来軸組構法、3階建）、鉄筋コンクリート造建物（3階建、4階建、6階建、10階建）、地盤（杭基礎、液状化、護岸）、鉄筋コンクリート橋脚、鋼構造（4階建、高層構造物、制振、18階建）、超高層建築（非構造家具什器、オフィス空間）、大規模空間（吊り天井）、その他に関するものが含まれます。

図3-11　Eディフェンス実験写真[8)]

実物大のもの（超高層建築は相似則適用）に、実際に生起する地震力を（倍率を変えて）加振させていますから、建物の挙動ひいては建物の崩壊過程を知ることができます。この実験結果により、今後生起する地震に対して、ヘルスモニタリングとあわせて、建物の崩壊余裕度をより的確に判断することができるようになるでしょう。

図3-11は18階建鉄骨造（1/3模型）の例です。

南海トラフ三連動地震が生じた場合の模擬地震波で8分間加振されています。三連動平均レベルでは最大層間変形1/94ですが、倍率を増やして加振し、三連動平均レベルの3.8倍で倒壊に至っています。倒壊時には下5層の全梁端が破断し、1階柱脚部の座屈が進展し破断する状況でした。

3-6　建築のレジリエンス

レジリエンス（Resilience）とは本来心理学用語で、精神的回復力、復元力、耐久力などと訳され、脆弱性（Vulnerability）の反対の概念として用いられています。自発的治癒力として用いられることもあるようです。

一般の分野では、東日本大震災以降、想定外のリスクから回復する本質的な力、「レジリエンス」として注目され、研究されはじめています。「想定外に備える力」ともいえるでしょう。

　建築の分野でも多方面でこのレジリエンスに関連する研究が進められているようですが、ここでは、ヘルスモニタリング（応急危険度判定）、防災マニュアル（避難、備蓄、情報）の2テーマについて概説します。

1　ヘルスモニタリング

　従来、建築物の地震時被害は、地震力の大きさと建築物の強さに応じて、大まかに分類されてきました。軽被害、中被害、重被害、破壊、全壊（旧・気象庁・被害分類：階級1~5：1964）、軽微な被害、小破、中破、大破、崩壊（日本建築学会）などです。しかしこれらは、変形度との対応も若干は加味されてはいましたが、どちらかというと被害の現象面に重きが置かれていたといえるでしょう。ヘルスモニタリングを行ったからといって、時間を追った建物の挙動がすべてわかるというものではありませんが、かなりの確度でわかるようにしようというのがこの取り組みの端緒です。これがわかれば、強震に至る前に、弱震の段階でも建物のレジリエンス対策が講じられようというわけです。

　かなり以前（1950年代に汎用的震度計が開発されて以降）から、特殊な建物においては研究的意味合いにおいて地震計が設置されたものがありました。これは、設計で想定している地震震度を、実在の建物で実際の地震時において確認しようとするものでした。さらに、動的解析を行って設計される建物（主に超高層建物のいくつか）に対して設置し、設計時の仮定と実際（地震の強さと建物の挙動）の関係を調べようとしました。これは、実際の挙動を知りたいと思われるような建物では現在でも行われています。

　ヘルスモニタリング手法は時代とともに進歩しています。当初の段階では建物や地盤の振動を計測すること自体が主な目的であったと思われますが、設計と実際の関係を調べる段階になると、計測結果を用いて地震と建物の挙動に関し実態を把握し、何らかの判断をし、それを表示し、将来的建物の安全性に寄与させようと意図しました。3.11の地震前後にも大地震時の被害を想定して補強を行った建物がいくつかあったことは、こうした動きが有効に働

いていることを示しています。

　構造物のヘルスモニタリング（Structural Health Monitoring、以降SHM）に関しては、2000（平成12）年初頭からはじまったスマート構造に関する日米共同研究を契機に大きな発展を遂げたとされています。主流となった研究は、大きくわけて2とおりあります。1つは建物の卓越周期を地震ごとに計算し、卓越振動数の変化により、建物剛性の変化を追い、ひいては建物の損傷を判断しようとするものです。ただこの方法では、剛性の変化が微細な亀裂などの軽微な損傷によるものか、それとも建物が大きく損傷したことに起因するのかを判断するのが今の時点では難しいとされています。

　もう1つは、建物をコンピューターの中に詳細にモデル化し、建物基礎部で観測された地震動を入力波として解析を実施するものです。この際、建物の数か所に設置されるセンサーは、建物のモデルを修正していくのに有効です。この方法では、センサー設置に先立つ詳細なモデル化に難点があるとされています。

　遠からずこれらの研究が実際に適用されるようになるものと思われますが、現段階では、いずれもいまだ研究の途上にあります。

　1つ目の研究を深めたものとして、これを地震直後の応急危険度判定に役立たせようとする研究があります。ここでは安価な加速度センサーを各階に配置し、その計測値から、機械的に建物の地震時の応答を計測し、地震後の残余耐震性能をリアルタイムで判定しようとするものです。この技術により、本震直後に建物の安全性を住民に表示することが可能になるとしています。判定には、2000年の建築基準法改正により、新しい構造計算手法として追加された限界耐力計算法でも用いられている等価線形化法を用います。この方法は、建物各階の振動時の力と変形の関係を計測し、その関係を1つの系に簡略化し、建物の損傷を1つの力と変形の関係でシンプルに表し、その関係から損傷度を判定します。この力と変形の関係は、建物の性能を代表するものとして、性能曲線と呼ばれます。一方、建物の基礎部分で測った加速度から、地震動が建物に強制する力と変形の量、すなわち要求量を計算することができます。これは要求曲線と呼ばれています。この性能曲線と要求曲線の交点が、地震時の応答点の推定値になります。本震での要求曲線をもとに、余震の要

求曲線を作成できれば、その「余震用の要求曲線」と「性能曲線」を比較することにより、余震での建物の応答値が推定できるため、余震に対する建物の安全性を評価することができる、としています。

この研究は実証の段階にまで進展していますが、未詳の部分もあり、さらなる進展が期待されています。

2　防災マニュアル（避難、備蓄、情報）

近年、高さ60mを超える超高層住宅の建設が進んでいます。マンションなどの集合住宅の居住者が増えています。被災時に混乱なく統一行動が取れることが望まれます。

また、大地震時に建物そのものは耐震性があっても、ライフライン（水道・ガス・電気など）およびエレベーターの停止、家具などの転倒により、通常の生活が困難になり、居住者の安否確認、救援救護、被災生活の問題が発生することが想定されます。

こうしたことから、マンションなどでは大地震発生に備えた活動計画や組織作りを防災マニュアルとして作成し、居住者、管理組合、自治会に周知しておくことが必要です。

防災マニュアルは、建物の建つ地域、建物の用途、規模によって内容に違いがありますが、基本的な事項はほぼ同じです。例として中央区防災課作成の「高層住宅防災対策・震災時活動マニュアル策定の手引き」を参照しながら、マニュアルに記載すべき内容の概略を紹介します。

①事前対策として必要なこと

- 大地震時に建物がどのような挙動を示すかについて。前もって知っておくことが被災時の安心感につながります。
- 発災時、被災生活期、復旧期における情報伝達について（設置されている情報機器などのハード面と、活動組織・指示系統などのソフト面）。
- 地震に備えた施設、設備、備蓄品について。

②震災時の活動マニュアル

- 大地震時の建物の状況、インフラの状況、またどう動いたらよいのか知ることができる仕組み（情報と活動組織・指示系統）。情報の伝達と活動指示

系統は、いざという時に機能するように代替案も含めて準備しておきます。
- 発災時、被災生活期、復旧期における各人の行動（逃げるか、とどまるか）、および、とどまる場所。

建物の規模、用途によって、活動マニュアルに記載すべき内容の程度には大きな差があります。200人規模のマンションと2,000人規模のマンションでは、記載すべき内容の程度だけでなく、内容そのものに関して違いが生じても不思議はありません。いずれの場合も、住民、管理会社、設計者が一体となって、その建物にふさわしい防災マニュアルを作成しておくことが大切です。

3-7　世界の超高層建築

原点・発祥の地と世界一高さの展開

1968（昭和43）年に訪米した折、アメリカの5～6都市を見て歩きました。なかでもニューヨークとシカゴでは首が痛くなるほど、上を見上げて歩きました。

摩天楼（スカイスクレーパー）発祥の地といわれるシカゴでは、1871年のシカゴ大火をきっかけに世界最古の鉄骨・高層ビル群が建てられています。代表的なものに、ホーム・インシュアランス・ビルディング（1883年。42m、10階）、タコマ・ビルディング（1887年）、オーディトリアム・ビルディング（1889年。82m、尖塔106m）などがあります。エレベーターが実用化されたのも1880年代とされます。

1890年代にはエスカレーターも発明され、以降しばらくはニューヨークの高層ビルが世界最高高さを独占します。ニューヨーク・ワールド・ビル（1890年。94m、尖塔106m）、パーク・ロウ・ビル（1900年。119m）、ウールワースビル（1913年。241m）、クライスラービル（1930年。282m、尖塔319m）、エンパイアステートビル（1931年。381m、尖塔449m）、ワールドトレードセンター（1974年。417m、尖塔526m）などです。また、ワールドトレードセンターより若干後に、シカゴに世界一の高さの建物が建ちました。シアーズタワー（現ウイリスタワー）（1974年。442m、尖塔527m）です。

世界一の高さを競うのも意味のないことではありませんが、実はこの間に

も、より多くの特徴ある興味深い超高層建築が建てられていました。

　幸い、1968年と1972（昭和47）年に訪米する機会に恵まれました。シカゴでは古くはレークショアドライブアパートメント（1951年。82m、鉄とガラスの外観）、マリナシティ（1964年。179m、通称コーンタワー）をはじめ、レイクポイントタワー（1968年。196m、70階建てRC）、ジョンハンコックセンター（1969年。343m、ブレース架構）、シアーズタワー（1974年。442m）をつぶさに見ることができました。建設中、竣工直後のものは内部にまで入って見学することができました。それぞれ有名建築ですが、特に構造形式面で、チューブあり、大スパンあり、ブレースあり、超高強度コンクリート造ありと、多様な構造計画に感服しました。

　ニューヨークでは、ワールドトレードセンターの地下建設時点と高層部鉄骨建て方時および工場での鉄骨製作時に見学することができました。この建物がテロ事件で崩壊してしまったのは誠に残念でしたが、ここでも非常に割り切ったチューブとコアの構造にアメリカの建築をみる思いがしました。

　1980年以降、最高高さの競い合いはアメリカを離れてアジアへと移りました。クライスラービル以降の世界一の高さのビルの変遷を整理すると、表3-8のようになります。なお、最高高さにはなりませんでしたが、それにほぼ次ぐ高さで耳目を集めたものとして、図3-12の白抜きの建物が建設されています。

　歴史上の最高高さの推移は以上のとおりですが、高層建物の棟数に関しては、最近建設されたものが非常に多く、特に200mを超えるものは全世界で約1,500棟あるとされています。このうち約60～70％が、今世紀に入ってから建てられているようです。また、約1,500棟のうち約半数は中国で、残りがアメリカ、アラブ首長国連邦、韓国、インドネシア、インド、日本、豪州ほかに分散されているようです。このことからも、超高層建築がアジアの諸国で急激に増えていることがわかります。

表3-8 世界一の超高層建築リスト

No.	建物名称	場所	年代	高さ
①	クライスラービル	N.Y. USA	1930年	282m、尖塔319m
②	エンパイアステートビル	N.Y. USA	1931年	381m、尖塔449m
○	ジョンハンコックセンター	CHI. USA	1969年	343m
③	ウイリスタワー	CHI USA	1974年	442m、尖塔449m
④	ペトロナスタワー	KL.MY	1998年	451m
○	ジンマオタワー	上海．CN	1999年	420m
⑤	タイペイ101	台湾	2004年	508m
○	上海環球金融中心	上海．CN	2008年	492m
⑥	ブルジュハリファ	ドバイ UAE	2010年	828m
○	環球貿易広場	香港	2010年	484m
○	マッカーロイヤルクロックタワー	メッカ．SA	2012年	601m
○	ワンワールドトレードセンター	N.Y. USA	2014年	541m
○	上海タワー	上海．CN	2015年	632m

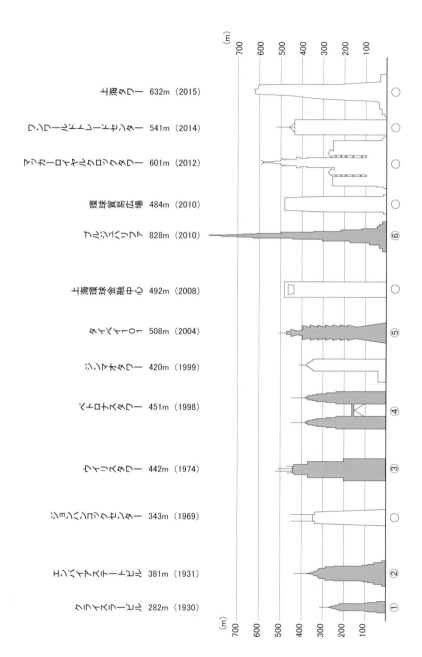

図3-12　世界一高さのスカイライン（シルエット）

参考文献・引用文献

1) 超高層ビル・超高層マンションの『BLUE STYLE COM』 http://www.blue-style.com/
2) 「建築統計年表」2013年度版、(東京都) 超高層マンションの建設状況
3) 高橋徹・貞弘雅晴・斉藤大樹・小豆畑達也・森田高市・野口和也・箕輪親宏「長周期地震動を考慮した人間の避難行動限界評価曲線の提案」『日本建築学会大会学術講演梗概集』2007年8月、pp.497-498
4) 日本建築学会・長周期地震動対策に関する公開研究集会 (2011年3月4日)「総合まとめ―成果の要約」pp.1-2
5) 「制震・免震構造マルチガイド」『建築技術』1997年5月号別冊、pp8-9
6) 日本板硝子「板ガラスの強度と安全、ガラス・サッシ間クリアランスと耐震性」『ガラス建材総合カタログ 技術資料編』p.59
7) 兵庫耐震工学研究センター開設時 (2005) のホームページ：概要欄
8) 『ACe建設業界』2014年2月号、日本建設業連合会

4章

超高層住宅の安心対策

4-1 BCPとLCP

図4-1　東京・大阪の超高層住宅棟数の変遷

　BCP（Business Continuity Plan、事業継続計画）とは、企業が自然災害やテロ攻撃などの緊急事態に遭遇した場合において、事業資産の損害を最小限にとどめつつ、中核となる事業の継続あるいは早期復旧を可能とするために、平常時から非常時の活動や緊急時における事業継続のための方法、手段などを取り決めておく計画のことです。こうした企業は顧客の信用を維持し、さらには市場の信頼を得て企業価値の維持・向上も期待できます。

　一方、LCPとはLife Continuity Planの略であり、事業継続計画の"事業"を"生活"に置き換えた考え方です。

　1990年代後半以降、都心居住の促進から大都市圏では60m以上の超高層住宅が急増する傾向にあります（図4-1）。2011（平成23）年3月11日の東日本大震災の被災を受けて、これらの超高層住宅における生活継続に関する諸問題が顕在化しました。主にオフィスビルの事業継続（BCP）対策として研究開発をしてきた成果を活用し、LCP対策として、生活のライフラインである設備系統やエレベーターなどの機能維持、早期復帰を支援する仕組みの開発が強く望まれています。

4-2　超高層住宅のLCP

　1978（昭和53）年、宮城県沖地震で多数の家屋倒壊被害が発生したことを機に、1981（昭和56）年に耐震基準が強化されました。新耐震基準では、おおよそ震度6強から震度7程度の地震に対して即座に建物が倒壊せず、致命的な損害を回避し人命を保護することが期待されています。1995（平成7）年の阪神・淡路大震災は都市部の直下型地震であったこともあり、新耐震基準適用以前の建物の全半壊を直接の原因として多くの人命が失われました。それとは対照的に、同震災および2011年東日本大震災をふくめた大規模地震においては、新耐震基準で設計された建物が大規模に倒壊したケースは報告されていません。これは、生命保護の観点からは一定の成果といえ、建築物の根本としてのハードウェア性能は新耐震基準によりほぼ達成されたとみることができます。

　超高層建築物においても建築物の構造体は十分な強度をもっていると考えられていますが、一方で長周期地震と建物の共振によるゆっくりとした独特な揺れからくる恐怖感や、ライフラインであるエレベータの停止による復旧の遅れ、さらには数百世帯から場合によっては千世帯以上が同時に同じ状況に陥ることを考慮する必要があります。

　東日本大震災の際には自発的な備蓄や防災マニュアルの整備も一部の管理組合レベルでははじまっていましたが、建物自体が損傷を受けていなくても、水道・電気・ガスなどのインフラの寸断やエレベータの運転停止により、結果として自宅での生活が継続できないなどの影響がありました。これらの諸問題は東日本大震災を受けて、制震・免震技術の発展、水・食料・防災用品の備蓄、防災マニュアルの整備、防災訓練の実施など、ハード・ソフトの両面から見直し・対策が進められている状況にあります。

　公的な制度としては、東京都都市整備局による東京都LCP住宅情報登録・閲覧制度が挙げられます（ここでは、LCPはLife Continuity Performance：居住継続性能の略）。本制度は、高層住宅を対象とし、環境に与える影響や都民の経済的な負担などを考慮しつつ、停電時でもエレベーターや給水ポンプの運転に必要な最小限の電源を確保することで、都民がそれぞれの住宅内にとどまり、生活

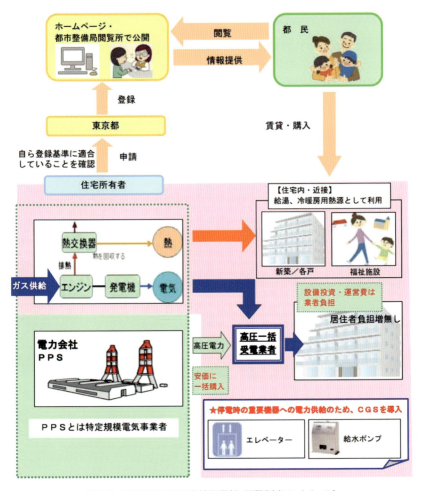

図4-2　東京都LCP住宅情報登録・閲覧制度のイメージ

の継続を可能とする性能を備えた住宅の普及促進を図ることとしています（図4-2）。

　これは分散型エネルギー施策の1つで、東日本大震災において六本木ヒルズのCGS（コージェネレーションシステム）が着目されたこともあり、2012（平成24）年4月に発表されました。建物のハードウェア性能としてのLCPが注目されることが期待されましたが、この制度においては当該リストに掲載される以

上のインセンティブがあるわけではなく、5年が経過した2017年（平成29）4月の時点でわずか4件の登録にとどまっています。

LCP性能を高めていくためには、事前準備、自助・共助・公助が機能すること、建物の構造や設備の性能、都市機能に至るまでトータルに考えていく必要があります。こうした考え方の普及はまだ途上ではありますが、新しい試みがなされている事例もあります。

4-3　これからのLCP

　超高層住宅のLCPは、日本の大都市におけるこれからの安全・安心な社会構築に不可欠な要素です。非常時において人命や建物を直接的に守ることは当然最優先されるべきことですが、建物の機能不全に起因する被害を回避することの重要性も忘れてはなりません。

　災害時においても建物の機能が維持され、住民の生活が継続できるということは、被災地域や被災者の生活を守り、迅速な復旧を確実に推進していくために欠かせないものとなります。それが被災後にどれほど大きな力になるかを忘れてはなりません。特に大規模・超高層住宅においては、ハード・ソフト両面の対策は大前提として、それらを最大限に有効活用するための取り組みが必要となります。その役割は、現状においてはその時々の状況に応じた人力に頼っており、負担が大きいうえ、数十年に一度レベルの災害に対して人的リソースを常備することに対する理解を得ることは容易ではありません。

　そこでハード・ソフトをつなぐファームウェアとして、建物コミュニティの神経系としてLCP統合管理システムが提案されています。

　これは、自家発電設備、防災マニュアルや十分な備蓄などのハード・ソフト面の対策を前提として備えたうえで、有事にそうした対策に即応するために、防災センターの機能を拡張し、建物の被害状況の迅速な把握・各世帯に向けた情報伝達・コミュニティ形成に寄与するシステムとして研究が進んでいます。

　具体的には、建物各所に設置された加速度センサーによる構造ヘルスモニタリングや、電力・給水・エレベータ・自家発電設備など各設備類の稼働状況・被害状況を先進防災センターで一元的に把握できるようにすることによって、管理者による迅速な状況判断を支援します。さらに、超高層住宅の各階

に設置したモニターにより全世帯へ漏れのない情報伝達を行うことによって、非常時の安心・安全に寄与するシステムとして普及が期待されています。

1　「逃げずに、建物内にとどまる防災」の取り組み事例

　LCPの先導的な取り組みの事例について紹介をします。「Life」は、時間の経過に応じて「命」「生活」「人生」を意味する言葉であることは、あらためて興味深いことです。災害への対応は時間の経過のなかで考えることがとても重要です。発災時には命を守ることが最優先ですが、その後は被災者の生活を守り、人生の継続性までも視野に入れた取り組みを推進する必要があります。

　震災時、都市部は人々の移動と密集によって大変な混乱が危惧されます。新しい耐震基準で構造的に安全性が確保された建物では、周囲に火災や津波などの命の危険がなく、身の安全が脅かされるような状況がない場合には、発災時には自宅で待避し、その後生活が継続できることが重要となります。「逃げる対策」だけではなく「逃げない対策」も重要になるのです[1)][2)][3)]。家具の固定などの基本的な対策を行っている住宅であれば、発災時にむやみに建物を飛び出し、大勢の人間が殺到し密集した状態になるであろう都市部の屋外の空間に駆け出すよりは、建物内にとどまる選択をする方が安全です。このように、発災時に全員が一律に避難行動をとるのではなく、自身のおかれている状況に応じて適切な見極めを行うことが重要になるわけです。大規模な集合住宅や高層住宅の居住者が発災時にも避難をせずに居住を継続するための取り組みを進める必要があります。

2　建物統合モニタリングシステム――発災後の動的な判断の重要性

　超高層集合住宅を含む都心部複合再開発地域での先導的な取り組みの事例を紹介します[4)][5)][6)]。

　図4-3に示すのは、再開発地域での建物統合モニタリングシステムの構築事例です。構造躯体や、ライフライン・設備系に設置した各種のセンサー類によるモニタリング技術を最大限に活用することで、建物の管理機能を強化し、重要な情報を防災センターに集約するシステムです。

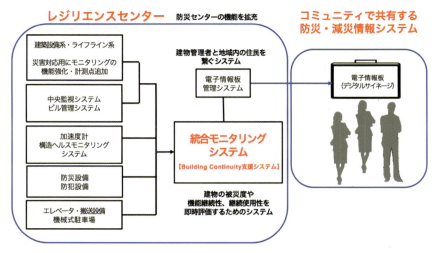

図4-3 建物統合モニタリングシステムの構築事例

　こうしたシステムを活用することにより、建物管理者は、障害が発生した場合でも機能不全の原因を把握し、建物の重要機能を継続するために迅速に応急・復旧対応を行うことが可能となります。震災時の生活の継続性を確保するとともに、日常生活への早期復帰を支援します。

　また、継続的なモニタリングによって、地震に遭遇した場合だけでなく、経年劣化によって生じた異常などを診断・共有することが可能となることも有意義なことです。

　地域社会が切実に求める「災害に強い地域・建物」とは、被害の最小化に加えて、被災から立ち直る回復力を備えた地域・建物です。地域のレジリエンス（発災時の防御力と被災後の継続力・回復力）を高めることで、災害に負けないまちづくりを目指しています。本システムの導入により、地域のレジリエンスを高めるための拠点として、防災センターの機能を充実させることが可能となります。

　さらに、こうした被災時の状況に関しては、ひとりひとりの人間が被災後にとるべき行動を判断するうえでの重要な情報であることから、重要な情報を建物管理者（防災センター）に集約することに加えて、地域の住民に向けてマ

ンションの共用空間やロビーなどに情報を配信するシステムとしています。今後重要になるのが、こうした建物における情報提供機能の充実です。

3　コミュニティで共有する防災・減災情報システム

　大規模災害時にどのような状況が想定され、自分はどのような行動を起こすべきかを具体的に把握している住民は少ないのが現実です。災害時にひとりひとりの冷静な判断を引き出し、適切な行動を促すことが重要になります。発災時には私たちはパニック状態になり、冷静な判断が難しくなります。人々が先の見通しもなくむやみに避難をしてしまう背景には、災害時に情報が不足し、状況が分からないために引き起こされる不安があります。今後、住民ひとりひとりに防災・減災情報を届ける方策を考えることがとても重要です。

　今回紹介する事例では、前述の建物統合モニタリングシステムと連携する形で、「コミュニティで共有する防災・減災情報システム」を構築しています。なお、精神医学では、「恐れの感情には不安、恐怖があり、不安は対象のない恐れ、恐怖は特定の対象がある恐れ」として説明しています[7]。つまり、「不安」とは対象や正体が見えない時に抱く恐れの感情です。そのため、自分自身の置かれている状況や問題の所在を客観的に把握することで、いたずらに不安を増大させることなく、冷静な対応をとることが可能になります。本来こうした不安の心理は、姿の見えない驚異に備え、危険な状態に陥るのを防ぐための、人間に備わる自己防衛の正常な反応でもあります[8,9]。発災後の不安を解消するためには、的確な情報によって置かれている状況を知ることが重要となります。

　防災・減災情報システムによる支援のポイントは、火災や構造躯体への大きな損傷がない状況において、避難せずにいかに住み続けられる状況を実現できるかということです。

図4-4　超高層住宅のエレベーターホールにおける電子情報板の活用イメージ

　図4-4は、超高層住宅のエレベーターホールにおける電子情報板の活用イメージです。図4-5に平常時、発災時、発災後の住民への情報伝達内容とインターフェース例を示します。震災で大きな揺れに見舞われた際には、本システムの構造ヘルスモニタリング機能により、建物の健全性をいち早く診断することが可能になります。避難するべきかどうかの判断に必要な情報を、モニター画面を通じて住民にいち早く伝えます（図4-5）。

　繰り返しになりますが、火災の発生や建物への大きな損傷がなく、身に危険の及ばない状況では、建物内にとどまることが大切です。避難の必要がない場合には、時間の経過に応じて、生活の継続に必要な情報（電気、ガス、水道、エレベータの状況や、備蓄品に関する情報など）を、モニター画面を通じて、随時、住民に向けて伝えていきます。

　こうした建物管理と情報共有の新しいシステムを導入することで、震災時においても生活の継続性を確保し、日常生活への早期復帰を支援するための、総合的な対応策を提供することが可能となります。また、情報伝達用の電子情報板（モニター画面）は、平常時より防災に関する情報を積極的に配信します。防災に関する知識や備えに関するアドバイスなどを平常時より繰り返し配信することができます。さらに、地区のイベント情報やお店のお買い得情報、工事の情報など、地域に密着した、生活に役立つ情報を提供するために活用します。

図4-5　住民向けに配信する情報

　このような仕組みが平常時・非常時を通じて、重要な情報を住民の皆様といち早く共有する仕組みとして、コミュニティ形成の一助になればと考えています。地域のコミュニティは災害対応の母体となる何より重要な基盤なのです。

参考文献・引用文献

1) 内閣府南海トラフの巨大地震モデル検討会　首都直下地震モデル検討会「南海トラフ沿いの巨大地震による長周期地震動に関する報告」2015年、p.28
2) 日本建築学会東日本大震災調査復興支援本部　研究・提言部会「建築の原点に立ち返る～暮らしの場の再生と革新～東日本大震災に鑑みて」(第二次提言)『首都③建築・都市機能維持』2013年
3) 日本建築学会編『逃げないですむ建物とまちをつくる――大都市を襲う地震等の自然災害とその対策』技報堂出版、2015年、p.149
4) 西富久地区市街地再開発組合防災ワーキング関係資料による
5) 都市環境学教材編集委員会編『都市環境から考えるこれからのまちづくり』森北出版、pp.6-15
6) 増田幸宏「地震災害時の生活継続計画(Life Continuity Plan)を支援する「建物統合モニタリングシステム」と、コミュニティで共有する「防災・減災情報システム」の開発・実装」『建築設備士』48(4)、一般社団法人 建築設備技術者協会、2016年、pp.34-38
7) 野村総一郎・樋口輝彦監修『標準精神医学』第6版、医学書院、2015年、p.62
8) 大野裕「生き延びるための本能　不安な気持ち」日本経済新聞、2016年1月31日
9) 朝田隆訳『みる　よむ　わかる　精神医学入門』医学書院、2015年、pp.129-130

5章

東京の地下空間は安全か

5-1　地下の利用実態

　狭い日本の国土にあって一極集中を続ける東京の土地は、異常に高価です。1970年代からの日本は高度経済成長下にあって、スカイフロント、ジオフロント、ウォーターフロントの開発が進み、東京の土地利用は高度に発展してきました。

　その結果、東京湾が埋め立てられ（約2ha）、31mに規制されていた建築物の高さは、1964（昭和39）年に100m、1980年代には300mまで可能になりました。同時に地下空間もまた、ビル地下のみならず地下鉄の普及にあわせて、駅前広場や道路下に地下街や地下駐車場がつくられるようになりました。民地が立体利用されれば、公有地の道路や広場も立体化しなければ、都市供給処理施設や交通施設が収容できなくなります。

　日本で本格的に地下空間の利用がはじまったのは、1927（昭和2）年の地下鉄建設で、浅草から上野駅までの2.2kmの区間でした。それから90年後の今日、図5-1にみるように、東京で365km、大阪で155km、名古屋で97kmと、大都市において地下鉄は不可欠な交通手段になりました。

　最近の地下鉄は、地表面に近い浅深度の地層部分で超過密状況にあります。1939（昭和14）年に全線開通した銀座線（浅草―渋谷間）の平均深度9mに対して、1957（昭和32）年に開通した丸ノ内線は約10m、1963（昭和38）年に開通した日比谷線は12m、1989（昭和64）年開通の半蔵門線では（永田町―半蔵門間）の深度は39mに達しています。

図5-1　各都市の地下鉄の現状：営業距離[9]

また、地下鉄の普及に伴って地下店舗もできるようになりました。1932（昭和7）年、地下鉄の神田・須田町駅で133㎡の地下店舗が開設されたのをきっかけに、1950年代には地下鉄の銀座駅、渋谷駅、浅草駅にも地下店舗ができました。

　ターミナル駅などに接続する地下空間は、天候の影響も受けず、自動車交通にも妨げられずに歩行者が自由に行動できることから、大都市では地下道、ビルの地階、地下鉄駅舎に続いて、1960年代から急速に地下街の建設がはじまりました。

　1964年の東京オリンピック時に開設した池袋や新宿をはじめとする1万㎡以上の地下街と、全国の地下街延べ床面積の推移を示します（表5-1、図5-2）。地下街だけでも全国で90件、延床面積約110万㎡に達しています。東京では合計25万㎡、大阪・名古屋では各約17万㎡と、全国の60％以上が大都市に集中しています。このなかには、東京駅八重洲地下街（7.3万㎡）、新宿駅周辺（サブナードなど計10万㎡余り）、大阪駅周辺（ダイヤモンド地下街など計7.5万㎡）など、大規模な事例もあります。

表5-1　東京の地下街

地下街名	所在地	開設年	床面積（㎡）	地下階
八重洲地下街	中央区	1965	73,253	B-3
歌舞伎町地下街（サブナード）	新宿区	1973	38,364	B-2
新宿駅西口地下街（小田急エース）	新宿区	1966	29,651	B-3
新宿駅東口地下街（マイシティ）	新宿区	1964	18,676	B-3
京王新宿名店街（京王モール）	新宿区	1976	17,079	B-6
池袋東口地下街（池袋ショッピングパーク）	豊島区	1964	15,357	B-3
池袋西口地下街（東武ホープセンター）	豊島区	1969	14,710	B-3
新橋駅東口地下街（京急しんちか）	港区	1972	11,637	B-4
川崎地下街アゼリア	川崎市	1986	56,916	
横浜駅東口広場地下街（ポルタ）	横浜市	1980	39,133	
ザ・ダイヤモンド	横浜市	1964	38,816	

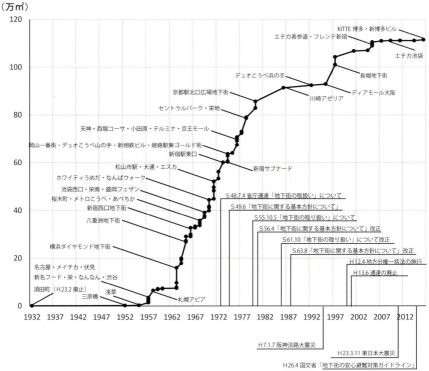

図5-2　全国地下街の延べ床面積の推移[10]

　地下街の定義は、地下街中央連絡協議会（建設省、消防庁、運輸省、資源エネルギー庁、当時の日本国有鉄道により1973年に設置）によると、

　「地下街」とは、公共用に供される地下歩道（地下駅の改札口外の通路、コンコース等を含む）と当該地下歩道に面して設けられる店舗、事務所その他これらに類する施設とが一体となった地下施設（地下駐車場が併設されている場合には、当該地下駐車場を含む）の区域に関わるものとする。ただし、地下歩道に面して設けられている店舗、事務所その他これに類する施設が駅務室、機械室等もっぱら公共施設の管理運営のためのもの、移動可能なもの又は仮設的なもののみの場合は、地下街として扱わないものとする。

とあります。

1972（昭和47）年、大阪の千日デパート火災で118名の死者が出たことにより、雑居ビルでの火災の危険性が指摘されるとともに、地下街の防災問題も大きく取り上げられました。このため、1973（昭和48）年に「地下街の取り扱いについて」という消防庁、建設省、警察庁、運輸省の4省庁通達が出され、さらに1975（昭和50）年6月、地下街中央連絡協議会が「地下街に関する基本方針」を出し、この時点での地下街の新設、増設を厳しく抑制し、原則として認めないことになりました。1980（昭和55）年8月、静岡駅前のゴールデン街ガス爆発事故が発生した（死者15名、負傷者227名）のを機に、地下街中央連絡協議会に資源エネルギー庁が新たに加わり、ガス保安対策についての改正が実施されました。1980年から5省庁通達による地下街中央連絡協議会の事務局は、建設省都市局都市計画課内に設置されました。

　しかし、1985（昭和60）年頃から地価の異常高騰によって土地の有効利用が大きな関心を呼ぶようになり、国としても地下街について柔軟な対応が迫られることになりました。1986（昭和61）年10月には「地下街に関する基本方針」が改正され、地下街の設置が必要やむを得ない場合に限り、これを地下街中央連絡協議会の調査の対象として差し支えないこととなりました。さらに、2001（平成13）年6月、地方分権によって地下街に関する国の通達がすべて廃止されたことによって、地下街中央連絡協議会もなくなりました。その結果、地下空間に関しては、地下街はもとより、各自治体が安全性を独自に判断するような状況になりました。

　しかし、ロンドンの地下鉄火災（1987年）、東京の地下鉄サリン事件（1995年）、福岡・博多駅地下街水害（1999年）、韓国大邱市地下鉄中央路駅火災（2003年）などにみるように、地下空間は密閉性が高い。そのうえ、地表より下部に計画されるという基本的性格から、有害物質の拡散、水害、火災、爆発などの災害現象の影響がわずかな弱点を衝いて急速かつ大規模に拡大しやすいうえに、避難や消防活動が困難です。大地震発生時には、火災・ガスの漏洩、津波などによる水害が懸念され、構造的損傷や停電時の発生も予想されます。

　特に、東日本大震災以後の災害対策基本法の見直しによる津波対策として、洪水に対する地下変電所や自家発電プラントの対策不備が問題になっています。

　地下道、地下街、建物地下階など、防災の考え方や規制法令の異なる地下

空間が一体化すると、地震時や日常時を問わず、雑居ビル災害のように、災害の発生しやすい施設で発生した災害が利用者の多い施設に波及して被害を大きくすることが懸念されます。性格や管理者が異なる地下施設が一体化しつつあるにもかかわらず、防災・安全のマスタープランが構築されていないことは大きな課題です。

地下空間はすべて、消防法による消防設備などの設置対象になりますが、必要な設備は施設の性格によって異なります。可燃物を集積させないことが原則の地下道には大した規制はありませんが、不特定多数が利用する地下街や建物地階にはスプリンクラーその他の設置義務があります。消防法以外の防災法令は、対象が用途によって限られます。例えば、地下街・ビル地階部分には建築基準法が適用されるのに対して、地下駅舎には原則として建築基準法は適用されず、鉄道営業法に基づく省令の規制を受けるだけです。

なお、一般市民が利用する施設の避難に関する防災規制で想定されている災害は火災のみであり、地震、水害はありません。施設外への避難時間を最も短く想定しなければならないのは一般には火災ですが、避難上考慮しなければならない条件は災害によって異なります。

地下鉄については、事実上、火災や煙流動性状などの研究や消防設備などの性能検証は行われていません。なお、高層建築物については最近20年間、建物竣工時の性能確認や、建築研究所などの施設を使って行われた煙流動・制御実験棟を通じて、煙制御設備などの性能の検討が進められています。

地下道、地下街、地下駅舎、建物地下階などの地下空間は、用途や用地の公共性、管理体制などに大きな違いがあり、防災基準の所管官庁や規制の考え方も開発様態によって大きく異なります。このため、地下空間は本来、個々の施設ごとに開発されます。例えば、地下道と建物地階が接続する場合なども接続通路のみを媒介とすることにより、災害発生時の被害の拡大を抑制するように計画されてきました。

しかし、近年の開発では、市街地ブロック内の複数の地下階が事実上統合されたり、ブロック全体にわたる大規模ビルの地階が地下道などと直接接続する形で計画されたりするため、結果的に個々の施設の規模からかけ離れた広大な地下空間が形成されます。例えば、現在、東京駅周辺に多数の再開発

が計画されています。それらが完成すれば、八重洲地下街から東京駅を経て、丸の内・大手町地区の地下道、ビル地階などをあわせて、合計で少なくとも30万㎡の一体の地下空間が形成されます。このように、各種地下施設が統合されるような開発が行われると、利用者には境界を意識しがたい広大な地下空間が形成されます。

地下空間の防災上の問題については、もともと、空間としての特異性から、防災対策の有効性や計画指針について、実験などをふまえた実証的な検討が十分には進められてきませんでした。特に地震のように、広大な地下空間全体で同時に避難を行うような場合の避難行動や危機管理の方策は、従来の一般的な防災基準や防災計画の範囲を超えています。さらに、放火、テロなども、防災法令が直接対象としてこなかったことから、従来の防災法令のみに基づく防災対策では被害の軽減効果は疑わしいものとなっています。しかし、地下空間で予測される個々の災害については、最近の災害事例の発生を受けて、真摯な調査研究の取り組みがされており、安全対策の基礎となる知見も集積しつつあります。

都心の大規模地下空間は、歩行者が自動車交通や天候に影響されずに自由に行動できる広大な大空間になるという特質にたちかえると、通勤時間帯などには膨大な数の市民が滞在し、高齢者・身障者の歩行ルートとして活用されることも考えられます。また、東日本大震災時に多くの帰宅困難者が地下街に避難したことは記憶に新しいところです。

このように、発災時に避難負担が大きくなると予想されることをふまえ、それに積極的に対処するための防災対策および危機管理体制の確立が必要です。

5-2　地下鉄・地下駐車場・地下街

都市における地下利用として地下鉄の歴史は古く、1863年1月、ロンドンで6kmの営業が開始されました。表5-2に世界各都市の地下鉄の営業距離を示します。

上海が1位で548.0km、4位がニューヨークの374.0km、5位が東京の365.2kmです。また、パリは11位で219.9kkmです（2015年5月現在）。

表5-2　世界各都市の地下鉄の営業距離(2015年)

	都市名	営業距離
1位	上海	548.0km
2位	北京	527.0km
3位	ロンドン	408.0km
4位	ニューヨーク	374.0km
5位	東京	365.2km
6位	モスクワ	327.5km
7位	マドリード	286.3km
8位	広州	257.1km
9位	メキシコ	226.5km
10位	香港	220.9km
11位	パリ	219.9km

　また、高密度駅においては、地下街とはまた異なる地下鉄駅コンコースを中心とした地下歩行空間が形成されています。これは主として地下鉄軌道やホームの上部空間を用いたもので、店舗などは併設されず、地下通路のみとなります。東京では、大手町、銀座、新宿などの地下鉄駅ではコンコースが周辺の建物地下階と接続されており、大きな地下歩行ネットワークがみられます。

　東京の地下鉄では、まちづくりと連携して地下鉄駅の整備が進んでいます。東京メトロの場合、2017（平成29）年度までに安全対策として、高架橋柱約1,200本の補強、地上部の石積み擁壁の補強を予定するとともに、2022（平成34）年度までに大規模洪水対策として、出入口約400か所の対策、坑口、変電所、鉄道関連施設への浸水対策、ホームドアの整備のほか、トンネルの長寿命化などを予定しています。利便性向上として、清潔なトイレや情報サイネージなどの整備、バリアフリー対策も進めています。

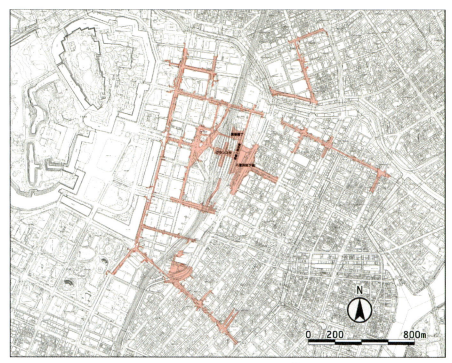

図5-3 東京駅周辺の地下空間[12]

　図5-3に東京の地下鉄を中心とする地下歩行者ネットワークを示します。これらの地区では、地上の歩道が飽和状態にあり、このような地下歩行者ネットワークは地上歩道を補う大きな役割を果たしています。さらに、信号がないことや雨にぬれないことなどの利便性により多くの買い物客、通勤客によって利用されています。地下鉄大手町駅のネットワークは、二重橋を経由して銀座駅へと続く約29万㎡もの地下空間がつくられ、両地区の接続建物の合計床面積は約240万㎡と、モントリオールの約290万㎡にひけをとらない規模です。しかし、歩行空間として計画的に整備されたものではないため、通路の幅員が狭い箇所、天井高の低い箇所、埋設管を避けて階段を下がってまた上る箇所など、歩行者にとって必ずしも快適な空間にはなっていないのが現状です。

　いわゆるデパ地下のような建築物の地下階は、地下街には含まれていませ

ん。あくまでも、道路などの公共空間の地下を占用していて、通路や商業施設を一体的に整備している空間が地下街です。今般、国土交通省が出した「地下街の安心避難対策ガイドライン」によると、地下街とは、都心部で不足していた公共駐車場を地下に確保するとともに、道路を横断もしくは縦断する歩行空間を地下に設置することを目的としたものとされています。その目的を達成する範囲内で、整備・管理を行う一定の主体（地方公共団体やこれに準ずる公法人、あるいはこれらから3分の1以上の出資を受けている法人）に対し、店舗や事務所などの賃料がとれる施設を道路下に設置することを認めたものとなっています。

地下街は、大都市の大きな鉄道駅近くにあり、その歩行空間が駅施設として鉄道事業者が設置した歩行空間（コンコース）や道路沿道の建築物の地下階の通路、場合によっては独自に地下に設置された地下歩道（道路施設）とつながることによって駅前地下のネットワークを構成しています。その結果日常的には、どこが「地下街」で、どこが「道路施設」「鉄道施設」あるいは「建築物の地下階」なのか、一般の人が判別することはなかなか困難です。

地下街に関連する法規は、都市計画法、道路法、建築基準法、消防法など、多岐にわたります。1948（昭和23）年に建築基準法が制定された時には地下街という用語はなく、1959（昭和34）年に定義を明確にしました（本書p.128）。

経済合理性を追求した車優先社会のなかで、人は地下、車は地上という歩車分離策が都市においてとられました。地下街はその具体策として高度成長期における時代の産物でした。

自動車公害が社会問題化した1965年以来、都市部では駐車場を整備すれば流入車がさらに増大し、結果的に状況は改善されないのではないかという考えもありました。駐車場の整備を進める考えとこれに懐疑的な考えとの議論のもとで、行政による駐車場の整備は足踏み状態でした。そのため、特に膨大な資金を要する地下駐車場の整備は民間にとっても負担が大きく、滞りをみせていました。

しかし、違反駐車の増加が顕著になり、交通混雑、交通事故、防災活動の妨げなど、さまざまな問題が起こり、駐車場問題は緊急を要する社会問題となりました。これに対応して、自動車の保管場所の確保等に関する法律の改

正、付置義務駐車場の設置義務の強化など、駐車場に関連した法改正や通達が次々に出されました。1991（平成3）年の駐車場法の改正により、地方自治体は都市全体の駐車場整備基本計画の策定を義務づけられ、公共駐車場の整備を積極的にはかる動きが再び高まってきました。

　しかし、規制市街地においては、法的に最低限必要であると定められている付置義務駐車場としての必要台数を整備するのは困難な状況で、抜本的な駐車場対策が必要になりました。駐車場不足の解決策として、特に用地不足に悩む都市では、駐車場整備のための地下利用が進められています。

　地下空間は安全面と環境面における問題が大きいなかで、駐車場における人間活動は人数的にも時間的にも限られているため、特に環境面における要求水準は比較的低いといえます。また、地下駐車場はこれまで大きな事故を起こすこともなかったため、地下街のような厳しい規制を受けることもありませんでした。

　駐車場には、都市計画駐車場、届出駐車場、付置義務駐車場、路上駐車場などがあります。そのなかで都市計画駐車場とは、その対象とする駐車需要が広く一般公共の用に供すべき基幹的なもので、かつ、その位置に永続的に確保すべきものである場合に、都市計画に定められる路外駐車場をいいます。また、都市計画駐車場については、道路および公園の地下の占用の特例、国による資金の融通、またはあっせんなどの助成措置がとられます（駐車場法17条）。

　都市計画駐車場は、全国で453か所整備されています。1960（昭和35）年に最初の本格的な地下の都市計画駐車場として、東京の日比谷、八重洲、丸の内に建設され、現在では全国201か所で整備されています（2015年3月現在）[13]。全国の都市計画駐車場の整備推移をみると、1970（昭和45）年頃までは、大都市において先行的に地下駐車場の整備が進められたため、地下駐車場の方が地上駐車場よりも多かったのですが、その後、地方都市において地上駐車場が増えてゆき、現在では地上駐車場の方が多くなっています。政令指定都市および東京23区での整備推移では、1980（昭和55）年前後から整備量が減速しており、大都市における駐車場問題の一端を示しています。

　2010（平成22）年頃から、東京都心部でも「駐車場が不足している」という

状況にはありません。路上に違法駐車している自動車をすべて収容しても、まだ余裕があるという地域が大半となっています。

また、地下街中央連絡協議会の設置基準は公共駐車場を意識しているので、当然のことですが、地下街の商業などの床に対する附置義務分を大きく上回っています。その結果、今日では地下街の駐車場にも空きが目立つという状況が生まれつつあり、地下街の経営に影響を及ぼす可能性があります。附置義務駐車場が増加したことによって、公共駐車場の役割が大きく変わりつつあることを、いま一度認識する必要があるでしょう。地下街の設置目的にもかかわる問題です。

2001（平成13）年に地下街に関する基本方針が廃止されるまでは、建築基準法や消防法といった法令での規定に加え、「地下街に関する基本方針」のなかで、安全、衛生、管理について規定されていました。前述のとおり、基本方針は2001年に廃止されており、現在は建築基準法、消防法、道路法などの各法で地下街について個別に定められています。以下、主な法令での地下街に関する規定の概要をまとめました。

①建築基準法

建築基準法施行令で、店舗が面する通路の幅員、通路天井高、地上への直通階段までの距離、直通階段幅員、居室各部分から地下道までの距離、地下道の耐火性能、防火区画、非常用照明について定めています（同施行令128条の3）。

②消防法

地下街について「地下の工作物内に設けられた店舗、事務所その他これらに類する施設で、連続して地下道に面して設けられたものと当該地下道とを合わせたものをいう」と定義し、消防用設備の設置と防火管理者の選定などを定めています（同法8条の2第1項）。

また、ほとんどの地下街は防火管理業務の実施が必要な対象物となっており、地震発生時には自衛消防組織により利用者の避難誘導を実施することや、消防機関への通報、火災が発生した場合の消火活動、1年に1回以上の避難訓練の実施などを定めています。

③道路法

　地下街は、占用物件として道路管理者の許可が必要な施設として規定されています（同法32条1項5号）。同法施行令において、その構造として「堅固で耐久性を有する」「道路及び地下にある他の占用物件の構造に支障を及ぼさない」「道路の強度に影響を与えない」こと、などを定めています。

④水防法

　市町村地域防災計画に定められた地下街等の所有者および管理者は、利用者の洪水時の円滑かつ迅速な避難の確保および洪水時の浸水の防止を図るために必要な訓練その他の措置に関する計画を作成し、市町村長に報告、公表することを定めています（同法15条、15条の2）。

⑤津波防災地域づくりに関する法律

　市町村地域防災計画に定められた地下街等の所有者または管理者は、避難訓練、その他利用者の津波の発生時における円滑かつ迅速な避難の確保を図るために必要な措置に関する計画を避難確保計画として作成し、市町村長に報告、公表することを定めています（同法54条、71条）。

5-3　地下空間の環境とエネルギー

　地下鉄は、都市における理想的な大量交通手段として、1955（昭和30）年頃から急速に建設されました。これは、夏は涼しく冬は暖かいという地下空間の一般的特性が地下鉄にもあてはまると考えられたことによります。実際、地下10m以下の温度は東京で15℃前後と、年中一定でした。

　新設時の地下鉄は、確かに夏は涼しく冬は暖かい乗り物でしたが、新設時から毎年0.3℃ずつ上昇し、1951（昭和26）年当時、最高温度27℃だったのが、1961（昭和36）年には30℃、1971（昭和46）年には34℃となりました。この調子で上昇し続ければ、1983（昭和58）年には37℃と人体より高温になり、暑くて乗れない乗り物となってしまいます。実際、夏の地下鉄は蒸し風呂のようになり、帝都高速度交通営団（現在の東京メトロ）などは対策を講じるため、1970（昭和45）年に高温高湿対策研究会を発足させました。

　高温化の原因として、多量の熱発生、地下水位の低下などがあげられます。

また、熱の発生源として、列車や人体の熱発生があり、列車が70％、電灯が16％、人体が14％と概算され、列車という大きな発熱源が閉鎖空間内に存在することは大きな負荷となりました。高温多湿という地下空間の閉鎖性に起因する特質は、熱を閉じ込め内部負荷を蓄積するためです。

　かくして、1971年にようやく一部で冷房が開始されるようになりました。都市の気候条件によって、地下鉄の環境計画は機械換気設備だけで熱負荷を除去できるか、冷房設備が必要となるか異なってきます。地下鉄のある世界の都市を比較すると、ほとんどの都市は緯度が高く、東京ほど高温多湿が切実な問題となっていませんでした。

　地下街の空気環境に関してはいくつかの調査研究がみられるものの、温熱環境に関してはほとんど取り上げられていません。また、通達により地下街の抑制策がとられていたため、これら既存の調査データはすべて通達以前のものでした。しかし、都市における地下利用の要求は高まっており、通達以降に建設された地下街では規制の影響も受け、その空間形態、設備などは大きく変化しています。また、従来の地下街のように歩車分離の手段として単に通路としての機能が要求されるだけでなく、その快適性に対する利用者の要求はより高まっています。

　このようなことから、地下街を計画するには新しい地下街の環境特性を明らかにする必要があります。地下街の季節毎代表週の地下街室温と外気温度の比較を、図5-4 (a) (b) (c) に示します。地下街は日中空調を行っており、適切な温熱環境が整えられていますが、夜間は空調を行っておらず、夜間の室温と外気の比較から地下空間そのものの温熱環境をみることができます。

　夏期は28℃前後と、外気温と大きな差はありません。しかし、冬期は夜間でも18℃前後と外気と比較して15℃以上も高く、地下街は夜間滞在には適した環境だといえます。また、中間期は常に22℃前後を維持しており、非常に良好な温熱環境を保っています。また、地下街は通常の地上建築物に比べて、建設費のみならずその維持管理費も膨大です。そこで、環境維持に必要となるエネルギー消費を把握することは、施設の長期的な運営を検討する材料となるだけでなく、環境を配慮した省エネルギー型の都市を計画するための基礎資料にもなります。

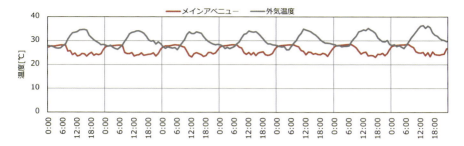

図5-4(a) 夏期代表週の地下街室温と外気温度(2014/8/1〜2014/8/7)

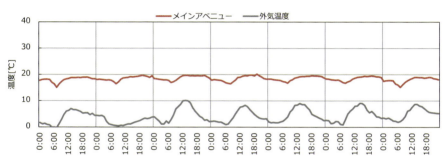

(b) 冬期代表週の地下街室温と外気温度(2015/1/29〜2015/2/4)

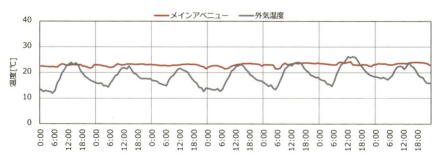

(c) 中間期代表週の地下街室温と外気温度(2015/4/23〜2015/4/29)

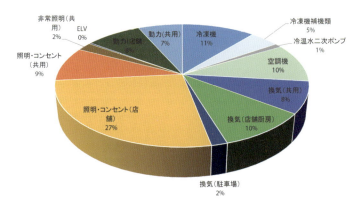

図5-5　2010年度電力消費量内訳

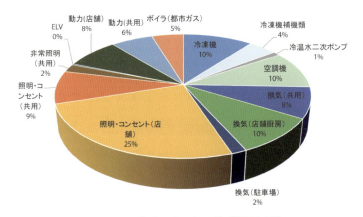

図5-6　2010年度一次エネルギー消費量内訳

　図5-5に、2010（平成22）年度の年間電力消費量内訳を示します。「照明・コンセント（店舗）」が27％で最も多く、照明・コンセント系全体は38％を占めています。次いで多いのは空調・換気系で、全体の30％を占めています。2010年度の年間1次エネルギー消費量内訳をみると、照明・コンセント系が最も多く、36％も占めています（図5-6）。

　駐車場も、地下街と同様に地下という閉鎖空間に設置されると、安全面、環境面に危険を抱えることには間違いなく、さまざまな設備に依存しながら人

工的に維持させなければなりません。特に日常的な環境管理において、自動車からの排気ガスは人体に有害な成分を含んでおり、換気設備による浄化が不可欠となります。

　また、地下駐車場の建設コストの高さは指摘されているものの、このようなランニングコストに関する実態は明らかにされておらず、設備への依存は、地上の駐車場では必要でなかったエネルギー消費につながると考えられます。今後、地域における駐車場整備とエネルギー消費との関わりにおいても重要な問題です。

5-4　地下空間の安全対策

1　地震時の地下空間からの避難

　地下街の管理者は、地下街の利用者に的確な地震情報と、落ち着いて関係者の指示に従うことを伝えるとともに、原則としてその場にとどまるよう指示します。周囲や避難経路の安全が確認されたのち、必要に応じて、地上に落ち着いて移動してもらうことを促します。避難行動を落ち着いて行うことが、避難の基本となります。

　地下街における避難誘導計画は、すでに消防法の定める防火管理業務のなかで作成が義務づけられています。また、水防法でも河川の氾濫などを想定した浸水対策として、市町村地域防災計画に定められた地下街における所有者または管理者は、避難確保計画の作成が義務づけられています。

　しかし、台風が接近しているなか、大規模地震の発生、さらには看板やガラスの落下、交通機関の麻痺による混乱といった地上の状況により、階段の使用を制限せざるを得ない状況が起こる可能性もあります。そのような場合には、規定の避難ルートとは異なったルートでの避難を行う必要があります。災害の状況に応じた柔軟な対応が求められるところです。

2　過去の地震による地下構造物への被害

　神戸市内には「さんちか」「メトロこうべ」「デュオこうべ」という3つの地下街があります。このうち三宮にある「さんちか」は、阪神・淡路大震災の際、震度7の地域に位置し、特に大きな地震動を受けました。しかしながら、各地下街とも、地震による構造物の被害は、部分的なひび割れが生じた程度であり、構造物全体が崩壊に至るような大きな被害は発生しませんでした。非構造部材は「さんちか」で天井板が1枚落下したほか、壁仕上げ材の落下、スプリンクラーヘッドの破損・漏水などの被害がありました。

　東日本大震災の被害状況として、仙台市営地下鉄の地下構造部分には大きな破損はありませんでした。地震の直後は、駅構内も非常灯を除いてすべての照明が停止しました。パニックは起こらず、駅係員の誘導により全員の地上への避難が時に大きな問題もなく完了しています。仙台駅東西自由通路でも大きな被害は発生していません。停電が発生したために非常灯を除いてすべての照明が停止しましたが、管理者の誘導により利用者を地上に退避させて大きなパニックは生じませんでした。

3　洪水による地下空間への影響

　2012年10月28日、ハリケーン・サンディによってニューヨークで大規模な都市洪水が発生した時の地下鉄などへの影響について、ニューヨーク市のホームページによると[14]、

　「ニューヨークに上陸したハリケーンは、1821年以来の高い水位で (0.8m上回る)、1938年のハリケーン (市内で200人の死者) 以来の被害で、N.Y.市内で37.5万人に避難指示が出た。800万世帯の停電は、地下変電施設の浸水と送電線の倒壊が原因だった。夕方までに市内の地下鉄とバスはすべて運行を停止し、1日150万人の利用者に影響が出た。地下鉄トンネル (8本)、地下鉄駅 (8駅)、道路トンネル2本に海水が流入したが、57％は1週間以内に復旧、9日後には98％が復旧した。経済損失は約4兆円にのぼり、公共インフラの物的被害は約3兆円になった。」

とあります。

　日本でも、東京・名古屋・大阪などの人口・資産が集積する大都市で、同

様の災害が予測されます。特に、0m地帯における浸水被害の広域化・長期化が心配され、都市地下空間の水没対策が急務です。2012（平成24）年9月、政府の中央防災会議は首都圏大規模水害対策大綱をまとめ、荒川右岸の低地氾濫、利根川の広域氾濫、東京湾の高潮氾濫の3つの被災シナリオを想定し、浸水区域で孤立する被災者は最大で80〜110万人に上ると予測しています。大都市での地表は、ほとんど建物やアスファルトの道路で、遊水・保水能力が低下しています。そのため、集中豪雨の時、下水道の排水能力不足による内水氾濫が増加しています。

　地下鉄への浸水は、排水作業に時間がかかるのみならず、点検整備や清掃に時間を要することが心配です。

4　地下街の安心避難対策ガイドライン

　2014（平成26）年4月、国土交通省都市局は地下街の防災・安全対策を進めるため、「地下街の安心避難対策ガイドライン」を出しました。以下、同ガイドラインの概要を紹介します。

　地震時に地下街において安全な避難ができるかどうかを確認するためには、まず地下街の避難施設がどのような状況にあるか、把握することが重要です。現在の地下街の状況を示す図面を管理者が所有し、それが常に最新の状態に更新されていれば、それだけでかなりの現状把握が可能になります。地下街の管理者は、施設の安全確保の観点からも常に最新の現況図を所有し更新していくことが必要です。場所によっては、図面にはなくても避難の障害となる看板や什器などが避難経路をふさいだり、幅員を狭くしていたりする場合があるので、現地の確認を行うことも重要です。

　シミュレーションに必要な情報は表5-2のとおりです。図面が正確でない場合は、現地での実測などにより、正確な情報を入手します。

表5-2　シミュレーションに必要な情報

項目	参照資料
各店舗、通路、避難に使用する階段の位置	平面図
各店舗、通路などの面積	平面図
避難に使用する階段の幅員	平面図
通路部分の通行量・人口密度	調査データなど

既定計画などの確認

　地下街は、避難確保計画などの既定計画が定められている場合があり、既定計画と避難安全のシミュレーションの方針が整合していることを確認することが必要です。

　浸水区域、浸水ハザードマップなどで、当該地下街が津波や洪水などによる浸水の危険がないか確認します。国土交通省ウェブサイト（http://disapotal.gsi.go.jp）などで閲覧することができます。

隣接する施設の状況確認

　シミュレーションの条件設定をするうえで、隣接する施設の状況確認も必要です。

　既定の計画などに、当該地下街が地下周辺エリアの避難経路として定めてある場合には、避難計画全体での当該地下街の位置づけや、隣接する地下街、隣接建物の地下街、地下駅などの避難経路の状況、近隣施設との接続状況などを確認します。

避難シミュレーションの実施

　避難シミュレーションは、地下街の在館者が災害発生時に避難する場合に、著しく避難時間がかかる階段があったり、大きな滞留が起こったりしていないかを確認する目的で行います。また、被害の状況によって階段が使えないとか、連絡しているほかの施設から避難者が流入するなど、いろいろな状況を想定してその際の避難が円滑に行われるかを確認し、避難誘導などによる改善対策の有効性を確認することもできます。各地下街は、それぞれの地下街の形状や利用状況や在館者数などを反映したシミュレーションを行います。

誘導設備

「地下街の安全避難対策ガイドライン」は、次のような誘導設備などを活用した避難安全指事の方策についても触れています。

①高輝度蓄光製品

蓄光製品は従来品と比較し、長時間、高輝度に発光する製品が開発されており、停電時の避難誘導に有効な製品として日本工業規格（JIS）で規格化されています（JISZ9107を参照）。特に、長時間発光し、低照度環境にも対応できるJIS規格JC級（高輝度）、JIS規格JD級（最上級）といった商品もあります。採用に際しては、火災も考慮し、脱塩ビ製品かどうかを確認してください。

②シームレスな地下空間（総合）案内システム

地下街は、鉄道駅、地下歩道、周辺ビルの地下街とネットワークしており、地下街竣工後も改修や延伸が行われています。個々の施設の案内表示は充実していても、地下空間全体を対象とした案内システムは整備されているといいがたい状況です。特に、地下空間が発達したターミナル駅周辺では、海外からの旅行者や初めて訪れた利用者にとっては分かりにくい状況になっていることも想定されます。

地下空間の案内システムの検討を進め、駅、地下街などが連携したシステムを構築することは、通常時だけではなく、災害時における適切な避難誘導を進めるうえでも有効であると考えられます。

③地下空間における位置情報の取得

不慣れな利用者が自分の位置を適切に把握し、不安とならないためにも、さらには非常時に利用者の位置を把握するために、地下街への位置情報の提供（地下空間での位置情報利用）に向けた取り組みが進められています。導入が実現すれば、例えば、災害時に情報端末を利用し、非常口へ誘導することが可能となります。

④利用者への周知による安心感の醸成

基本形となる避難経路を示した避難マップを作成し、安全のしおりとして配布します。災害対策に取り組んでいることをアピールして地下街の安心感を高めます。

⑤音声誘導システム

　初動態勢が遅れないよう、震度5強以上の場合には、「まずその場にとどまり、安全確保姿勢を取る」ことを自動放送するといったことが考えられます。

⑥デジタルサイネージ

　情報提供により利用者の不安を解消するため、デジタルサイネージを活用し、災害時に地震情報や周辺の状況を提供することで、利用者に安心感を与えます。

5　地下街の帰宅困難者対策

　駅周辺に集まってくる帰宅困難者の対策が大きな話題となりました。こうした事態に対処するために、現在、乗降客30万人以上の駅を中心に、帰宅困難者対策を軸にした都市再生安全確保計画の立案が進められています。

　地下街としては、非常時にパニックを起こさず安全に避難するためには、何が必要か、そして、地下街の構造上の安全が確保された後、一時避難や一時滞在の場所として活用するのか否か、地震には強いが水には弱い地下街を駅周辺の防災空間としてどのように位置づけるのか、などを十分に議論しなければなりません。

6　災害発生時、帰宅困難者受け入れ時のエネルギー消費量

　B地下街での東日本大震災発生時の電力・ガス消費量は、東日本大震災前後1週間の時刻別1次エネルギー消費量は、3月11日夜から12日朝にかけて、普段は5〔GJ/h〕程度の電力消費が15〔GJ/h〕程度と約3倍、日中の半分程度の電力消費が発生しました。また、震災当日の20時頃から熱源の冷温水発生機のガス消費が発生し、翌日まで継続して暖房を行っていたことがわかります。また、3月14日は14時に全館閉店を行ったため、日中のエネルギー消費は小さくすみました。

7　オフサイトセンターの設置（情報、エネルギー統括センター）

　原子力発電所で、免震重要棟に非常用電源設備や緊急時対策室などの機能

を有するオフサイトセンター（緊急事態応急対策拠点設備）が置かれているように、ターミナル駅周辺の都市機能が集中する地域においても、同様の対策が必要です。

　原子力事業所内の状況に関する情報収集設備の情報をみると、緊急時に事業所内の情報把握および遠隔地との情報伝達を行うことができる体制を整えています。こうした対策は、複雑な空間構成により施設内の状況が把握しづらく、複数の施設管理者の連携が不可欠な地下空間では大いに参考になる考え方です。

　そのため、東京駅周辺地域の地下空間の防災対策としてオフサイトセンターの設置を検討すべきと考えます。オフサイトセンターには、自立電源を設置し、東京駅周辺のDHCプラントとネットワークで接続し、熱・電力の面的活用のオペレーションを行います。また、平常時の地域情報や非常時の防災情報を発信するエリアマネジメント（BCP拠点）としての機能を果たすためにも図5-7のような、情報伝達のための情報ネットワーク・デジタルサイネージの整備を検討すべきです。

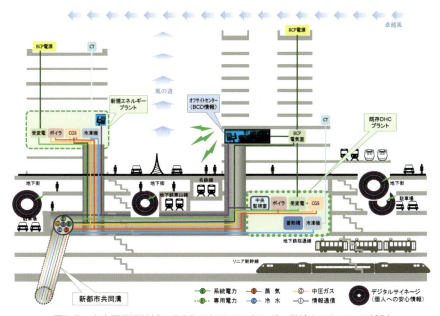

図5-7　東京駅周辺地域のBCDのためのエネルギー供給ネットワーク検討

5-5　江東区の洪水対策

　江東区は運河のまちであり、江東デルタと呼ばれる江戸初期からの埋め立て地で、海面より低い0m地帯をもちます。地盤も軟弱なため、震度6強以上となる面積率(62.5%)も都内で一番高く、東京直下地震の被害想定では、建物全半壊率がワースト1 (14.7%)、負傷者数はワースト3 (9,700人)です。都心への交通は、永代橋、中央大橋、佃大橋、勝どき橋などがあるものの、被災状況次第で通行不能になります。

　また、臨海地区では、橋が1本でもダメージを受けると、孤島化する危険性が高くなります。それにもかかわらず、避難にあたっては、この地区への避難が求められています(図1-8参照)。液状化による建物や構造物への被害が大きいことから、崩れて通行不能になるうえ、地面の側方移動で運河の多くの橋が落ちる可能性が大きくなります。

　江東区の洪水対策としては、以下のような措置がとられています。

①河川の護岸計画

　江東区内の河川は延長31km、護岸延長52km、西側河川の計画護岸高は、A.P.+3.1m、東側はA.P.+1.7mです(図5-8)。東京都による耐震整備は、86%完了しています。2015年時、下水道面では50mm／時間降雨対応で、深川城東地区のポンプ所で雨水排水を行っています。臨海湾岸区では、分流式下水のため雨水は自然流下で海へ排水されています。

②東京都水防災総合情報システム

　東京都水防災総合情報システムは、関係機関に河川水位、雨量など、水防に関する情報を提供します。このシステムは、観測・監視システム、洪水予報発表システム、土砂災害警戒情報発表システム、気象情報・態勢表示システム、伝達文作成・伝達システム、インターネット公開システムから成り立っています。

③江東区の高潮対策

　相次ぐ地盤沈下で、被害を数多く受けてきました。1949年のキティ台風では、浸水被害が大きく、河川護岸の嵩上工事補強を実施しました。特に

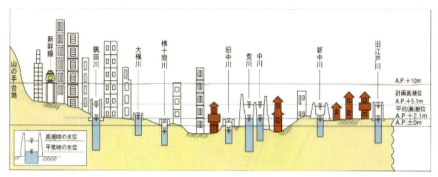

図5-8 東部低地帯を流れる河川の水位と地盤の関係[15]

下水管渠延長732kmで水再生センターは砂町処理65万㎥/日と、有明処理3万㎥/日の2カ所あり、ポンプ場は20カ所で排水能力はmax134㎥/secである

　荒川右岸堤防は国の直轄で、1965年に完成しました。
④江東区内部の河川整備
　河道13.6km、耐震護岸23.1km、閘門1基、排水桟場3か所、橋梁48か所、締切8か所を整備しました。
⑤内水排除
　東京都港湾局は、辰巳排水桟場（48㎥/sec）と砂町排水桟場（36㎥/sec）（図5-9）を湾岸施設として、東京都建設局は、小名木川排水桟場（72㎥/sec）と木下川排水桟場（51㎥/sec）と清澄排水桟場（48㎥/sec）を河川施設として管理します。
⑥浸水想定区域の避難体制
- 洪水予報と伝達手段：防災行政無線を主とするほか、多様な情報伝達手段を利用します。
- 洪水ハザードマップの公表：2010（平成22）年に「江東区洪水マップ」を公表しました。
- 地下街への対策：2005（平成17）年の水防法改正により、地下街などの管理に避難確保計画を義務づけました。また、訓練の実態と自衛水防組織の設置を義務づけました。
- 要配慮者利用施設対策：避難確保計画の体制と訓練、自衛水防組織の設置を義務づけました。

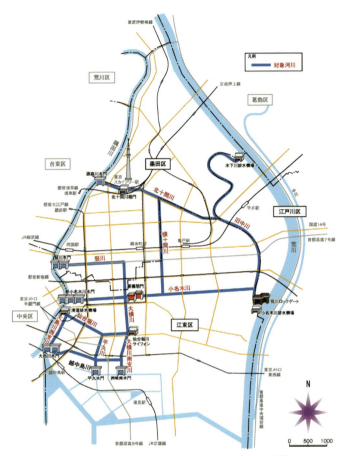

図5-9 江東内部河川の水位低下河川と関連施設[16]

⑦避難対策

　江東区住民の避難対策について、深川、城東、東京湾岸の各警察署、および深川、城東の両消防署は次の措置を予定しています。
- 万が一の大規模水害に備え、事業所や集合住宅の管理組合などと協定し、一時避難施設の確保と区民への周知を図るとしています。
- 荒川が氾濫した時、避難地区になっている区南部地域の避難所が不足する場合、都の調整により他自治体へ避難するなど、広域避難の実施を図るとしています。

- 台風が起きた場合などの自主避難施設として、有明スポーツセンター、深川スポーツセンター、東砂スポーツセンター、亀戸スポーツセンター、深川北スポーツセンター、江東区スポーツ会館の6か所を予定しています。
- 荒川の氾濫時、最悪2週間以上も水が引かない場合には、「区南部地域」への立ち退き避難（水平避難）を呼びかけるとしています。
- 大規模水害が予想される場合は、区からの呼びかけを待たず、早めの自主避難を行うことを推薦するとしています。

⑧地下空間の浸水対策

都の水防総合情報システムで集められた気象情報などは、一斉同報機能をもちます。図5-10に示すネットワークを利用して、地下施設（鉄道地下街、地下駐車場、ビル地下室）の管理者や、地下をもつ個人住宅にも提供されます。

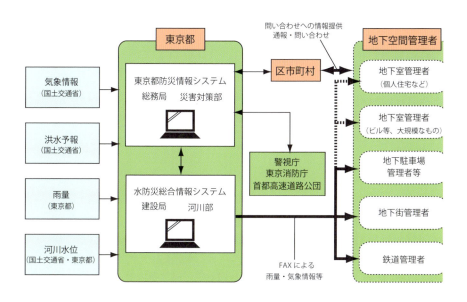

図5-10　雨量・気象情報などの情報伝達フロー図[17]

5-6　地下鉄の水害対策

東京メトロは、集中豪雨による内部河川の氾濫などから地下鉄構内を守るため、次のような浸水対策をとっています。

①駅出入口への止水板や防水扉の設置（図5-11）

図5-11　駅出入口に設置された止水板および防水扉（東京地下鉄株式会社提供）

②換気口への浸水防止機の設置（図5-12）

浸水の恐れのある換気口に換気口浸水防止機を設置済み

換気口総数951箇所中907箇所に設置

図5-12　換気口に設置された浸水防止機（東京地下鉄株式会社提供）

③坑口（電車が地上から地下に入る口）への防水壁（図5-13）や坑口防水ゲートの設置

図5-13　坑口に設置された防水壁（東京地下鉄株式会社提供）

④トンネル内防水ゲートの設置（図5-14）

　地下鉄の建設時、トンネルが河川下を横断する場合には、万一、河底が崩壊してトンネル内に水が入ってもその水が堤内地に流出しないよう、河川管理者から対策を求められました。東京メトロはその対策として、トンネルの全断面を閉鎖するトンネル防水ゲートを設置しました。トンネル内防水ゲートは、破堤した場合、地下鉄構内を浸水から守るためにも有効です。

　なお、ゲートの閉鎖には、操作時間のほか、列車の運行停止・送電停止・架線処理などの準備時間が60分程度必要になります。

　浸水のおそれがある場合、総合指令所の指令または各駅の判断により、止水板および換気口浸水防止機が設置されます。なお、換気口浸水機は、総合指令所・各駅操作盤からの遠隔操作、現地での主導操作、浸水感知器による自動閉扉が可能です。

　各駅においては、過去の浸水事例や自治体が作成した地域のハザードマップを参考に、駅ごとの危険個所を記した浸水ハザードマップを作成し、早期対応に活用しています。

　また、総合指令所の指令により、坑口防水ゲート、トンネル内防水ゲートが閉扉されます。なお、神田川に面した丸ノ内線の坑口2か所については、神田川の推移により判断するとしています。

　大規模な水害のおそれがある時は、東京メトロ本社に対策本部を設置し、判断および指令を行います。

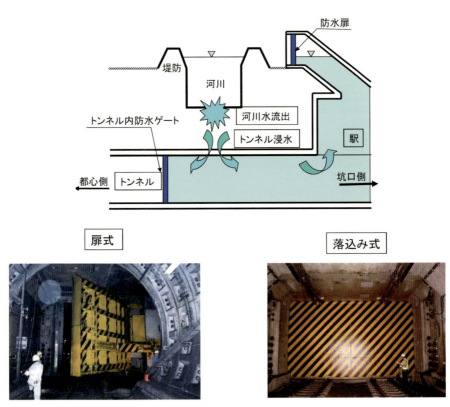

図5-14　トンネル内防水ゲート（東京地下鉄株式会社提供）

参考文献・引用文献

1) 日本学術会議勧告「大都市における地震災害時の安全の確保について」2005年4月
2) 国土庁大都市圏整備局編『三大都市圏政策形成史』2000年
3) 尾島俊雄・高橋信之『東京の大深度地下　建築編』早稲田大学出版部、1998年
4) Golany, G., Ojima, T., Geo-Space Urban design, John willy&Sons, Inc., 1996
5) 広井脩・木村拓郎・稲葉哲郎「地下空間と人間行動」『東京大学新聞研究所紀要』1991年
6) 岸井隆幸「日本の地下街形成の歴史とその更新の方向性」『アーバンアドバンス』No.63、名古屋都市センター、2014年9月
7) 尾島俊雄「地下空間地用の歩みと今後の課題」『都市問題』後藤・安田記念東京都市研究所、2013年4月
8) 目黒公郎監修『東京直下大地震生き残り地図』旬報社、2005年
9) 「地下鉄営業路線の現況(2016年4月現在)」(財)日本地下鉄協会ホームページ資料コーナー　http://www.jametro.or.jp/
10) 国土交通省都市局街路交通施設課「地下街の安全避難対策ガイドライン」2014年4月〜
11) (財)日本地下鉄協会『世界の地下鉄』ぎょうせい、2015年
12) 門前敏典ら「日本と中国における交通結節地点地下空間利用と防災計画」アーバンインフラ・テクノロジー推進会議技術研究発表会、2012年
13) 国土交通省都市局街路交通施設課『自動車駐車場年報』2015年
14) ニューヨーク市HP　http://project.wnyc.org/news-maps
15) 東京都建設局「東部低地帯の河川施設整備計画」2012年12月
16) 東京都建設局河川部「江東内部河川通航ガイド」2012年5月
17) 「地下空間における浸水対策ガイドライン　同解説＜本編＞」

編著者紹介・執筆担当章

尾島俊雄（おじまとしお）
はじめに、第5章

早稲田大学名誉教授、都市環境エネルギー協会会長、建築保全センター理事長（現職）。東京大学客員教授、日本建築学会長、早稲田大学理工学部長、日本学術会議会員などを歴任。2008年日本建築学会大賞受賞。主な著書に『この都市のまほろば』vol.1~7（中央公論新社）、『ヒートアイランド』（東洋経済新報社）、『都市環境学へ』（鹿島出版会）ほか多数

小林昌一（こばやししょういち）
第1章、第2章

1936年、山梨県生まれ。早稲田大学理工学研究所招聘研究員、日本鋼構造協会名誉会員。1960年、早稲田大学第一理工学部建築学科卒業。同年、株式会社竹中工務店入社。1994年、同社取締役技術研究所長。1998年、建設業振興基金常勤理事。

小林紳也（こばやししんや）
第3章

1936年、樺太生まれ。1960年、早稲田大学第一理工学部建築学科卒業。同年、日建設計工務株式会社（現、株式会社日建設計）入社。東京本社構造部副部長、設計部長、理事東京本社技師長を経て、2001年に同社を退社。主な著書に『新建築学大系25構造計画』（共著、彰国社）、『これからの耐震設計』（共著、日本建築構造技術者協会）など。

渋田 玲（しぶたれい）
第1章、第4章

1975年、東京生まれ。株式会社A.I.S.取締役、早稲田大学理工学研究所招聘研究員。2000年、早稲田大学大学院理工学研究科建設工学専攻修士課程修了。2003年より早稲田大学総合研究機構助手。岐阜WABOT-HOUSE研究所、完全リサイクル住宅他に携わる。2009年、株式会社ジェスプロジェクトルーム入社。

増田幸宏（ますだゆきひろ）
第4章

1976年、東京生まれ。芝浦工業大学システム理工学部准教授。早稲田大学大学院理工学研究科建築学専攻博士後期課程修了。博士（工学）。早稲田大学高等研究所准教授、国立大学法人豊橋技術科学大学大学院准教授を経て、2014年より現職。専門は建築・都市環境工学、設備工学。建築・都市のレジリエンス工学や新たな環境インフラ構築に関する研究に取り組む。

東京安全研究所・
都市の安全と環境シリーズ3

超高層建築と地下街の安全
人と街を守る最新技術

2017年8月10日　初版第1刷発行

編著者	尾島俊雄
デザイン	坂野公一（welle design）
発行者	島田陽一
発行所	早稲田大学出版部
	〒169-0051 東京都新宿区西早稲田1-9-12
	TEL 03-3203-1551
	http://www.waseda-up.co.jp
印刷製本	シナノ印刷株式会社

©Toshio Ojima 2017 Printed in Japan
ISBN978-4-657-17009-5

「都市の安全と環境シリーズ」ラインアップ

◉ 第1巻
東京新創造
──災害に強く環境にやさしい都市〈尾島俊雄 編〉

◉ 第2巻
臨海産業施設のリスク
──地震・津波・液状化・油の海上流出〈濱田政則 著〉

◉ 第3巻
超高層建築と地下街の安全
──人と街を守る最新技術〈尾島俊雄 編〉

◉ 第4巻
建築物のレジリエンス
──災害から都市を守る復元力〈高口洋人 編〉

◉ 第5巻
木造防災都市
──防災から見た木造都市の歴史と現代的可能性〈長谷見雄二 編〉

◉ 第6巻
絶対倒れない建築物を造る
〈秋山充良 編〉

◉ 第7巻
首都直下地震の経済損失
〈福島淑彦 編〉

◉ 第8巻
都市臨海地域の強靭化
〈濱田政則 編〉

◉ 第9巻
首都直下地震時の避難と仮設住宅
〈伊藤 滋 編〉

各巻定価=本体1500円+税

早稲田大学出版部